珠宝玉石商贸教程系列丛书

南红

鉴定与评估

APPRAISAL AND
ASSESSMENT OF
SOUTHERN RED AGATE

白子贵 赵博 编著

东华大学出版社

前言

　　南红是我国独有的玉石品种，产量稀少，古代称之为"赤珠""赤琼"，位列佛家七宝之一，相传古人用以入药，养心养血，因其最早出产在中国南疆（包括云南、甘肃南部、四川等地）而得名。南红的历史悠久，在战国贵族墓葬中就已经发现南红玛瑙的串饰，但南红老矿包括甘肃和云南保山的一些矿口在清中期就已开采殆尽。目前市面上流通的多是保山新坑、四川凉山及金沙江流域的南红。南红玛瑙色彩鲜艳醇厚，质地细腻油润，同时拥有国人推崇的纯正朱红及和田玉般的温润质感。有人说古书里所谓"赤玉"指的就是南红玛瑙，它凝结着历史、宗教与传统习俗造就的难以割舍的文化情怀。

　　"南红之美美其色"，中国人历来以红为贵，原始社会茹毛饮血，红色是燃烧的火种，是照耀的阳光，是流动的血液，是生命的希望。古人在皇权中推崇红色，红色象征着特权与富足。皇帝要用"朱批"，在公用印鉴上也要使用红色，红色代表了荣耀权威和不可侵犯。在建筑上，窗框、门框等需要勾勒轮廓的部分总是用红色来装饰，"朱门"象征富贵与吉祥。方家术士用朱砂画符，驱邪逐疫。如今国人依旧用红色表现民族风貌和美好的事物，红色代表着热情、能量、喜悦和欢庆等诸多元素，用于节日庆贺、婚俗礼乐，红色可以点燃斗志、激起热情，带来力量和勇气。而且中国人天然适合红色，从技术数据上，通过对中国人皮肤的测试，60% 以上的人群属于暖色系列，即所谓的黄、橙、红等色范畴，因此对于中国人这种肤色而言，穿戴红色最漂亮。在国际舞台上，红色更成为中华民族的代表，没有"中国红"的世界不是完整的世界，南红的红，媚而不俗，艳而不妖，这种端庄大气的红色诠释了真正的东方风情，于不动声色中绽放精彩。

　　"南红之美美其质"，南红的质地与和田玉的质感极其相似，一样的体如凝脂，一样的精光内蕴，陪你惊艳时光，温柔岁月，它极具可玩性的玉质，饱含朦胧美感，亦深度契合国人温厚内敛，端庄雅正的审美趣味和精神特质。

　　因此南红的崛起势所必然，南红在历史上虽有开采，但因其产量稀少，开采难度大，虽千年来一直为国人所喜爱，普通百姓却是望尘莫及。新时期由于新技术的使用，开采方式和加工方法的转变，南红才逐渐进入寻常百姓家。它不止是财富的象征，更是内涵的体现。

　　将多年珠宝经营的经验及珠宝教学的研究成果总结成一套适用于商业贸易的评估方法，是我们一直在做的努力。经过全国范围内大量学员的市场经营、市场实践，逐渐证明了其准确性和可操作性。这套独特的评估理念和方法也在与市场的交流中不断完善。

　　南红以其绚烂的色彩和玉质备受人们喜爱，各色南红被设计成各种各样的珠宝首饰和艺术品供人们佩戴赏玩，传统南红在新时代又重新焕发了活力，它的审美价值、收藏价值和投资价值都非常可观。

九口仿古透雕龙马精神挂牌　　　　　　　　　　九口财神摆件

目录

九口老坑南红

第一节　什么是南红

　　红玛瑙古代称之为"赤珠""赤琼"，为宫廷用玉，也是佛家七宝之一。南红的名称是近几年才出现的，人们将产自于中国南疆包括云南、甘肃南部、四川等地的红玛瑙称为南红。南红玛瑙是我国独有的玉石品种，化学成分为 SiO_2，为石英的变种，是由二氧化硅沉积而成的隐晶质石英的一种，是玛瑙家族的一个成员。

南红是红色之玉

　　南红玛瑙色彩鲜艳醇厚，质地细腻油润。同时拥有国人推崇的纯正朱红及和田玉般的温润质感。

九口锦红兽面纹桶珠

保山大黑洞佛珠　　　　　　　　　　　　　保山滴水洞夔凤纹挂件

九口美姑南红柿子红　　　　　　保山西山柿子红佛珠

南红是生命

中国人历来以红为贵。原始社会我们的先人茹毛饮血，红色是燃烧的火种，是照耀的阳光，是流动的血液，是生命的希望。

南红是激情

红色可以点燃斗志、激起热情，可以为人们带来力量和勇气。

宝山南红红艳、温润、内敛、端庄——红色的内蕴

南红是艳光

南红的红色明艳却不张扬，媚而不俗，艳而不妖，叠加于体如凝脂，精光内蕴的玉质感之上，极具朦胧美感。深度契合国人温厚内敛、端庄雅正的审美趣味和精神特质。

南红是中国红

红色为中华民族的代表——中国红，红色焕发了真正的东方风情，于不动声色中绽放惊艳。没有"中国红"的世界不是完整的世界。

南红玛瑙基本性质

（1）南红的物理性质

密度为 2.5 g/cm^3 左右，折射率 1.53 左右，硬度一般在 5 ~ 6，透光者偏光镜下全亮。

（2）南红的红外光谱

 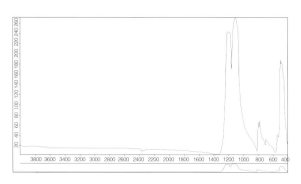

云南保山料红外光谱

 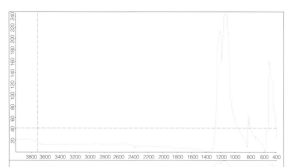

四川九口料红外光谱

第二节　甘肃南红

1. 甘南红

甘肃地区产的南红简称为甘南红，甘南红色彩纯正，颜色异常鲜亮，色域较窄，通常都在橘红色与大红色之间，也有少量偏深红的颜色。清朝乾隆年间就已开采殆尽。

甘南红中雾状结构出现的概率较少。无论是红色部分还是白芯，都具有很好的厚重感和浑厚感。一般认为甘南红的质量是南红中最好的。

甘肃老南红

有时甘南红的颜色类似于水彩颜料。

甘肃的迭部县，这个地域出产的南红密度高，南红的"肉"比较紧密，即质地比较实。

佩戴时间久了，甘肃的南红有一定的油脂感。

甘南红油脂感不如保山料，但油润度及佳，颜色、明度较高。

13

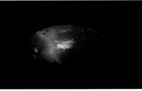

甘肃迭部南红缟纹较清晰，玛瑙纹较保山南红更加清晰，与金沙江的南红籽料有些相像。

甘肃老南红

老南红的独特的风韵

甘肃的南红裂纹也较多，纵横交错的贯通裂纹比较多，但佩戴后包浆较好，古韵十足。

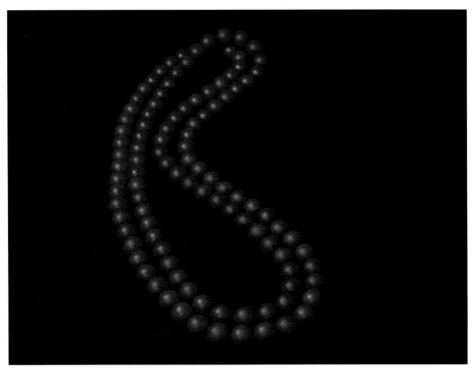

云南保山柿子红佛珠

第三节 云南保山南红

保山南红玛瑙是产自云南省保山地区的一种红色石英质玉石，其颜色较其他种类南红玛瑙更为浓郁稠厚，呈现特殊的胶质感。历史上最有名的南红产地就在云南保山，自明朝以来就被当地百姓开采和加工，由于质地细腻、色泽红润而受到世人的追捧，也深受皇室贵族的宠爱。清朝时期保山矿曾是皇家的矿脉，专供皇室使用和开采，《永昌府志》等资料中均有介绍，众多明清老南红的出场地也在保山隆阳区杨柳乡。云南保山的南红玛瑙属于沉积岩，呈现层状分布，离地表较近，在几千年的地壳运动和侵蚀风化过程中产生了不少断裂，有些甚至变成了碎渣，这也造成了保山料多绺裂的现象。保山料的绺裂比较严重，雕刻起来有一定的难度，所以保山料的雕件非常难得。保山四面环山，南红矿带分布不集中，所有的环山上都有南红产出，开采难度较大，大大小小的坑口加起来有一千多个，被称为鸡窝矿，其中杨柳乡（西山）和东山、水寨山（乡）为三大主要产地，市场上成品以杨柳乡和东山为多。

1. 云南保山西山（杨柳地区）南红

杨柳乡在保山西面，就是《徐霞客游记》中记载的南红产地。杨柳乡也叫西山，所出的南红多夹杂在玄武岩中，品质好，色艳而完整。由于质地较好，完整度高，一般不用注胶即可直接使用。

主要矿口有滴水洞、大黑洞、冷水沟、白沙沟、干掌、旧寨田、河温、罗民坝、大沙坝、三眼井、阿东寨、六库等几个坑口。

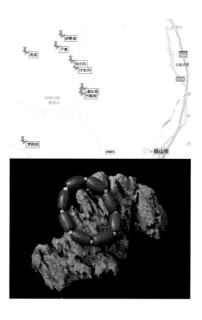

几个主要产区

（1）滴水洞

历史名坑,是杨柳最著名的矿口,按照颜色等级大致分为锦红、辣椒红、火焰红、柿子红、柿子黄、荔枝冻、红白料等。历史上出产纯正颜色和高档质地的南红,以"鸡冠红"居多。早在清朝中期已被封矿。

特征

胶质感极强,润度极好,颜色跨度大,通常为明亮度很高的正红——柿子红色系,常带有一点微黄色调。极高的颜色明度是滴水洞料的典型特征。

云南保山滴水洞凤纹挂件

滴水洞鸡冠红

（2）大黑洞

位置紧靠滴水洞边，也是老矿口，出产过不少优质南红，现也已经封矿。 大黑洞的料子总体质量是全国公认最好的，颜色种类很多，按照等级大致分为锦红、辣椒红、火焰红、深水红、水红，荔枝冻、红白料等，其中高档水红，柿子红，南红荔枝冻和红白料是其优质品种。

特征

润度极好，玉质感很强，质地均匀细腻，红度好，大部分产出的原料都可以达到柿子红级别，红或黄中常带黑色色调。

大黑洞产南红珠子

保山大黑洞高冰红白料　　　　油润无比的大黑洞柿子红

（3） 冷水河和白沙沟

冷水河和白沙沟的料，产量较大，特点是原料比较细碎，颗粒小，纹裂较多，颜色普遍较好，通常红度很高，但是多带黑色缟丝，通常用做珠子、戒面等小件饰品。其中尤以冷水河出产的极品琥珀料最为著名，其琥珀色料色艳如血，宝光莹莹，质地细腻均匀，结构致密坚实，玻璃光泽非常明亮，如红宝石般美艳夺人，俗称"宝石红"，很受市场欢迎，价值很高。

冷水河料宝石红　　　　　白沙沟料辣椒红手串

（4）干掌

以红白料、琥珀料居多，红白料一般红色较深，白色较白，红白分明，非常适合俏雕题材，底子多数干净透亮杂裂少，与大黑洞红白料相比肉质略粗、石性稍重，出产的高档料比较少。除此还有琥珀料，干掌出产的琥珀料质地细腻致密，光泽也比较明亮，但总体颜色偏暗，红度略低于冷水河料。

干掌宝石红　　　　　　　干掌冰粉红白料

（5）旧寨田

寨田原石产出以琥珀料为主，保山南红里 80% 的琥珀色料都是旧寨田出产的。原石呈磨圆的次棱角状，俗称蛋蛋料，出品率低，内部容易出现白芯。质地相对略疏松，内部比较混沌，光泽比其他产地的琥珀料要弱一些。颜色总体在红、橙红到橙黄之间，明度较高，几乎不带暗色调，但饱和度中等，几乎没有非常浓郁的颜色。

寨田料的白芯

寨田料原石（图片来源于网络）

（6）河湾

产量少，有极品南红产出，精品琥珀色南红，有的好料胶质感极强，接近柿子红和血红色。"红如血脂"是难得的首饰级别料，此外还有红白料极品。

保山河湾南红锦红料

（7）罗民坝（也叫小庄）

琥珀料较多，结构比较紧密，内部莹光较强。小庄出产的原料跟旧寨田的琥珀料差不多，只是相对更小一些，但是完整度好，成品率高，莹光强度高于寨田料。

保山小庄琥珀料

（8）大沙坝
产量最大，裂纹较多。

保山大沙坝料

（9）三眼井

也是西山老矿口，三眼井料胶质感很强，具有独特的美感。质地细腻，玉性极好，内部朱砂点排列比较疏松，显得有些水透，俗称"肉不实"，但内部荧光度好，显得玉质莹润，宝光内敛，上品者颜色非常明艳鲜亮，无一丝暗色调，好料接近血色，但多数颜色浓度一般，总体较为清淡。

保山三眼井宝石红保

2. 云南保山东山南红

东山料矿山位于保山的东面,包含了几个乡镇的几十个大小不同的坑口。东山料和西山料不同,都埋藏在泥土里,开采难度相对较小。东山料一般多裂隙,质地疏松,玉质感稍差,所以市场上的注胶料大都出自这里。东山料优点是颜色好,可出锦红、柿子红、柿子黄等。颜色红、艳、浓,但是往往不够均匀,凝润,其整体的胶质感、玉质感和润度相对西山料都要差一些。除了郎坡和大新坝地区,有时会有个别品质接近保山极品料。

主要矿口有宝石山、夏家坝、郎坡、大新坝、鹿寨、水寨、大水沟、大水井等。

保山东山郎坡科

郎坡和大新坝是东山料品质最好的两个坑口。裂纹相对较少,颜色堪称保山中的极品,比杨柳的柿子红还要红艳,但是润度不够。

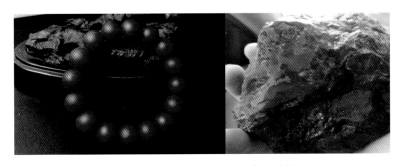

保山东山的大新坝锦红料　　　　保山东山料原石（图片来源于网络）

保山东山的宝石山辣椒红

宝石山、夏家坝料通常纹裂较多，多数需要注胶。十年前的注胶珠子基本上都是这两个坑口出产的，每个坑口差不多有十几个二十来个洞口，目前也已经封矿。宝石山料红度普遍较高，出产的料子多数颜色红艳，均匀程度很好。特征的辣椒红略带胶质感，内部有一定荧光和冰度，如同红玉，但质地较为疏松，朱砂点常分布松散，厚重感欠缺，满肉的品种少见。夏家坝料多数以黄色为主，颜色比较暗淡，色中常带灰暗色调，纹裂较多质地干涩，精品少见。

略显干涩的宝石山辣椒红

云南保山东山料南红特征

宝石山料，原石通常较大且完整性较好，出成率较高，东山8mm以上的珠子很多出自宝石山。宝石山料的玉质感在东山料中是比较强的，颜色红度很好，部分色调偏暗，结构一般松散，朱砂点分布较疏，目视略有些透，质地均匀程度中等，东山注胶料普遍多裂，颜色发干。东山夏家坝的，颜色发干发黄，不均匀，精品很少。

凉山南红锦红料

第四节　四川凉山南红

　　川南红是近几年新发现的矿，产自川西的凉山州，目前市面上大部分的南红雕件均出自四川凉山。凉山南红是通过火山喷发高温灼烧而形成，属火山南红，开采自沉积岩。由于主要是以火山南红的形式为主，外形属于火山喷发型，原石呈现圆滑造型，看上去和马铃薯造型很像（外号"南红蛋蛋"）。从外表皮粗细程度来说，有两种较典型的皮壳，一是光滑如铁的"铁皮壳"，二是相对粗糙的"麻"皮壳。铁皮壳的原石通常表皮较薄，肉质更细腻。麻面皮壳通常需要去掉较厚的外表皮才能看到里面润泽的肉质，主要产区有九口、瓦西、联合、雷波等。市场上以四川凉山美姑县的九口乡、瓦西乡及联合乡出产的南红为主。

1. 九口乡

位于美姑县城西南。该坑口为著名的凉山南红出产地，东与子威、尔其乡连界，南与洛俄依甘乡毗邻，西与昭觉县乌能古（拉一木）乡相连，北与尔库乡接壤。九口出品的南红，料性完整度好，颜色红艳，有锦红、柿子红、柿子黄、冰飘、朱砂红、火焰红，玫瑰红等。最红的南红出自于九口（真正意义上的锦红），九口出品的南红的颜色品质为最高且有丰富的颜色产出，原料完整度高，润泽性、脂性欠佳，也是高品质大料的主要出产地。九口料分为老坑料和新坑料。老坑的质地细腻油润，有柔和的胶质感，微透明，是南红中的上品。新坑九口质地较粗糙干涩，玉性欠佳，但颜色相对鲜艳，出产的南红颜色均一性较差，多为柿子红混杂玫瑰红。

特点

块度较大，透光性较差，石性较强，玉性较弱，质地紧密，颜色丰富而鲜艳。

九口老坑料玫瑰红

九口朱砂红牡丹纹桶珠

九口新坑柿子黄　　　　　　　　　　　　极富特征的九口双色料

九口冰飘料　　　　　　　　　　　　九口新坑料

2. 瓦西

　　位于美姑县境东部，东与雷波县谷堆乡连界，南与西甘萨、龙门乡接壤，西邻洒库乡，北毗阿尼木乡，东北倚大风顶，东南靠斯依阿摸大山。该坑口是凉山南红产地中开采条件较差的一处。瓦西乡出产的南红颜色丰富，有柿子红、柿子黄、冰飘、朱砂红、火焰红等，块度普遍很小，500克以上的原石出现几率很低，完整度相对好，具有独特的玉质感。瓦西料的玉质感表现为一种略带油性及玻璃质感的胶质感，比保山的油质胶感更偏玻

25

璃属性，比九口的玻璃胶感更带油性，尤其是包浆料表现更为强烈。总体而言瓦西料的润泽性、油脂性比九口好，新坑产出者与新发现的马洛料有些相似。

特点

块度较小，透光性中等，石性较弱，玉性较强，质地紧密，胶感强，颜色较单一。

极其稀少的瓦西锦红挂件　　典型的瓦西纯色料　　质地油润的瓦西柿子黄

3. 联合乡（洛莫依达乡）

联合乡位于美姑县境南部，是发现较早的凉山南红产地，属于地表矿藏，坑口在地表或靠近地表的浅层，比较容易开采，因此也发现得比较早，但是出产的南红两极分化严重，大部分属于商业品种，能达到收藏级品质的很少。特点是颜色鲜艳，质地娇嫩，光泽明亮，珠宝气息比较浓。可产出樱桃红、水红、冰粉、冰飘、朱砂红、高冰等，但色调相对单一，呈水红色居多，颜色一般较淡。因其属于新矿料，原料性质接近保山料，完整度很低，其出产的南红长久以来在收藏界知名度不高，然而由于其色泽光艳，珠光宝气，装饰性很强，非常适合制作首饰，受到越来越多女性消费者和收藏家的青睐，精品联合南红市场价值不菲，其完美者价格直追保山极品料，成为南红玛瑙中新兴的收藏品种，受到市场越来越多的关注。

联合料樱桃红 （图片来自网络）

特点

联合料大部分通透性较好， 比较水透，顶级的联合料与保山料有些相似，但相比之下联合料水嫩娇媚，光芒外放，显得有些轻浮，保山料厚重内敛、胶质感强。

4. 雷波料

产自于四川雷波县。

特点

透光性较好，裂纹较多，质地水透而松散，颜色较单一，常为略带灰紫色调的粉红色系。

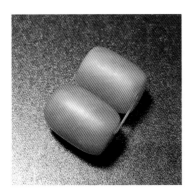

雷波料不均匀的块状结构和粗大条纹

质地水透、结构松散（块状结构）、颜色不均匀且往往较淡，带状条纹不发育或异常粗大形成局部色域，几乎没有胶质感。

27

第五节　四川金沙江南红

四川金沙江流域：主要在宜宾发现较多，以小颗粒的水料为主，颜色以粉红色居多。

外形特征

金沙江水料南红的原石，成鹅卵石状，外表光滑无棱角。属于冲击型、洪积型玉石材料，千万年来由于水流的长期冲刷、相互碰撞和摩擦，再加上暴露在河床之中风化剥蚀，这种南红料多出自于山间河流的中下游地域。

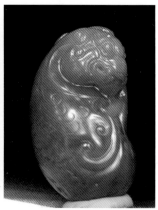

（图片来自网络）

块度

　　大若蚕豆者居多，重量一般在几克到几十克之间，上百克的南红水料颇为罕见。南红水料都为块状的，其块度一般相对较小。

外表层特征

　　皮薄、有冲击纹、指甲痕。

　　通过外表层可直观看到材质本身的颜色。有明显冲击纹和风化纹特征（指甲痕）。指甲痕就是风化纹，是石料磕碰、撞击及一定的风化作用所形成的一种痕迹，在玉料表面形成类似被指甲掐过的弯曲裂痕，是水料中比较常见的表面特征。

质地特征

　　南红水料的质地有很明显的油脂感，微透明，完整度高。油脂感混合胶质感，金沙江籽料的胶质感中带有水润和油性。

（图片来自网络）

透明度

金沙江南红籽料微透明，莹润感佳具有略高的透明度，但其厚重感上略有欠缺。

金沙江籽料缠丝纹"天眼"（图片来自网络）

颜色

南红水料的颜色主要有柿子红、粉红、玫瑰红、红白等，以粉红、浅玫瑰红为主。粉色、粉紫色是基本色。粉色材料中有的带有艳丽的朱砂点，色彩明快。金沙江南红中红艳的材料也有类似于锦红颜色的，属于南红中的上品。

金沙江籽料粉红如意

第六节　南红的产出形态

南红是通过火山喷发高温灼烧而形成，属火山沉积岩。南红原料因地质环境不同，质地、产出形态也不相同，不同地质环境，呈现出不同的外观。

1. 根据南红原料的天然形状分类

一般可分为：水料南红、山料南红、火山南红。

（1）水料南红（籽料）

金沙江籽料原石

水料南红是南红原生矿在自然界长期风化的作用下，剥离为几小不等的碎块，崩落在山坡上，再经冰川、泥石流、河水的不断冲刷、搬运而形成的光滑的鹅卵石形态，并由河水（洪水）带到山下的现代和古代河床中。其形状各异，相对个体较小，其中金沙江南红籽料完整度较好。

保山南红次生矿水料相对发掘量较少，矿床属残积、坡积、洪积或冰川堆积型。这类南红原石距原生矿近，虽受外界环境的自然剥蚀及泥石流，雨水和冰川的冲蚀搬运，但自然加工磨损的程度有限，这和金沙江料受周围有大规律水流冲刷形成的水料有一定的区别。保山水料南红的外形无尖锐的棱角状态，表面较为光滑，带有蜂窝状坑洼表面，块度稍大。质地细腻，紧密，透明度较佳，有较好的脂感，但是完整性较差。

保山南红水料（图片来源于网络）

（2）山料南红

山料南红是直接从山上开采的南红原生矿，外形呈不规则棱角状。这种材料一般用炸药爆炸开采法发掘，因此浪费很大，破坏性较强，造成原料存在大量的绺裂。山料一般块度较大，并带有一定的围岩。保山南红多以原生矿床出，以爆破为主要采集方式。保山山料南红外皮呈不规则凌角块状，块度较大，原矿有围岩伴生。质地细腻，紧密，材料微透，有较好的油脂感，绺裂较多。制作时必须用切割的方法去岩石、去裂、剥净，甚至注胶，以便提高利用率，通常情况下不注胶很难出较大的南红器物。

保山南红山料原石

（3）火山南红

是山体矿脉的南红材料通过火山喷发的形式呈现为蛋形状态原石。通常外层由于经过火山的高温灼烧，有深棕色至铁黑色的外表皮；表面既有光滑平整的，也有坑洼麻面的。其材料相对完整，有相对红艳甚至紫红的颜色出现，相对完整无瑕的南红玉雕作品多以此材料制作。

此图片来源于网络　　　　　　　　　　　　黄皮包浆料

2. 根据南红的外表皮粗细程度分类

（1）铁皮壳

光滑如铁的铁皮壳，铁皮壳的原石通常表皮较薄，肉质多细腻红润，油性好，锦红料出现几率大。内部颜色分布较规律，以环带状多见。

铁皮料原石（此图片来源于网络）

凉山铁皮料中的颜色环带（此图片来源于网络）

环带状分布的铁皮三彩包浆料

（2）麻皮壳

相对粗糙的麻皮壳，麻面皮壳通常需要去掉较厚的外表皮才能看到里面润泽的肉质。麻皮壳通常内部变化较大，有的非常均匀，有的则颜色分布比较杂乱，多为柿子红与玫瑰红的不均匀混入，常带火焰纹，颜色环带状分布较少。

此图片来源于网络

（3）水皮壳

受到水流浸润冲刷皮壳较薄，质地非常细腻，胶质感强，玉性极佳，透过半透明的表皮可以看到里面玉润的肉质。多数颜色浅淡，均匀度好。

此图片来源于网络

金沙江籽料（此图片来源于网络）

第
二
章

南
红
分
类
及
欣
赏

第一节　锦红

　　按颜色，可将南红分为锦红、辣椒红、玫瑰红、柿子红、柿子黄、朱砂红、红白料、缟红料等。

　　锦红其实就是一种极其浓郁的鲜红的颜色，艳而不俗，也就是中国红。

　　锦红是凉山南红中的极品，尤为稀少珍贵。锦红级别的南红颜色均匀，无黑丝无杂色，通体红艳细润。

李栋制作

九口南红

真正的锦红——九口料

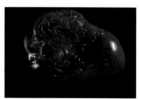

瓦西南红

九口南红

目前存世的老南红玛瑙，无论是颜色的浓艳还是质感的油润，历史上都从未有过与九口锦红料相似品相的南红制品。

南红中，锦红最为珍贵。最佳者红艳如锦，红如血脂。其特点：红、糯、细、润、匀。

颜色以正红、大红色为主体，其中也包含大家所熟知的柿子红。

锦红的特点

正：纯正红色，不偏黄、不偏紫；

浓：颜色浓郁、厚重；

艳：颜色鲜艳，不偏灰；

匀：整体一色（即满色）；

润：温润、不水不干，具有一定的油脂感；

凝：厚重（满肉）（润则不红，红则不润）。

朱砂点的多少决定红度，与通透度成反比。"肉"是指不透的部分。

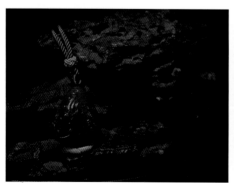

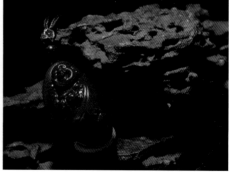

九口南红

第二节 玫瑰红

凉山南红中独有的一种颜色，是一种带紫色调的红色，看起来确实非常像玫瑰花的紫红色。

这种紫色的基础是红色，所谓"红得发紫"，大约就是这个境界了。玫瑰紫是凉山南红玛瑙中的伴生色，一般不单独出现，通常情况下都与柿子红、柿子黄混生在一起。往往外面是柿子红、柿子黄，内部却是玫瑰紫。所以玫瑰紫的原料，常常用来做俏雕。

玫瑰红的颜色相对锦红偏紫，整体为紫红色。

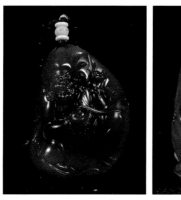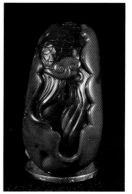

九口南红

如绽放的玫瑰，历史上较为罕见，在凉山南红矿中有一定量的出现，也是南红中的珍品。

玫瑰红特征

浓：颜色红中带紫，深厚的紫红色；

艳：鲜艳，不含灰色；

匀：整体为同一色；

润：有温润之感；

凝：有一定的厚重。

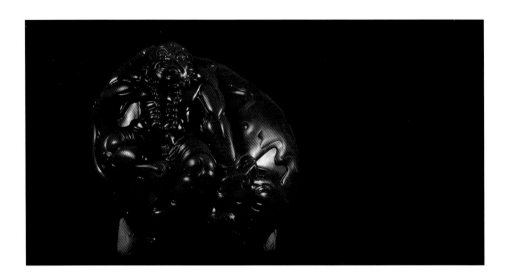

"满色满肉"。满色是整体颜色要饱满一致。满肉则是指南红上没有杂物，不能有水晶等其他伴生物质夹杂其中。一件南红，如果又满色又满肉，当然就是极品了。

透光性最强的是玫瑰紫，其次是锦红、柿子红。

九口料南红的另一个显著特征，是基本不透光。用强光电筒打光，能吃进去的光线深度也不大；而柿子黄则即便在强光电筒下也完全不透光。

九口南红

冻肉是南红玛瑙的一种特征，冻肉其实就是高结晶的浅色南红。特点是细腻、透明或半透明、胶质感强，类似果冻。

冻肉也有多种颜色，常见的有荔枝冻、白冻和柿子冻等。冻肉常与柿子红、玫瑰红伴生，经过大师的巧妙构思和雕刻，常常有意向不到的效果，非常有个性。

黄文中作品，玫瑰，九口南红，来源南红圈

第三节　朱砂红

　　朱砂红：红色的朱砂点明显可见、由朱砂点聚集而成。

　　有的呈现出近似火焰的纹理。有的朱砂红的火焰纹甚是妖娆，有一种独特的美感。

　　柿子红和玫瑰红相互交织，拥有火焰般纹路的南红玛瑙，它就是火焰纹南红。

九口南红

放大观察图

近几年来，火焰纹的特色和价值逐渐被人们所认可，火焰纹南红受到了越来越多的南红爱好者的关注，其价格也因此出现了不同程度的上涨。

质地和颜色

优质南红火焰纹的质感，如火焰般浓烈，鲜艳而明亮，似火花闪动，有一种自然奔放的动态美感。

柿子红与玫瑰红双色完美地融合在一起，正是因为有着别具一格的火焰纹路才颇具特色，它是火焰纹南红观赏性的最重要体现。

九口南红，此图片来源于苏州南红网

形态

火焰纹中常见的纹路有点状、丝状、片状和块状。其中火焰纹路均匀清晰，尤其是具有漂亮的象形图案的，则艺术观赏性更高，

九口南红

火焰纹的特征

正：具有火焰的颜色；

艳：鲜艳含灰色少；

形：形态如火焰燃烧；

润：质地有一定的温润度；

工：火焰纹与外在品相一致。

中国红氤氲着古色古香的秦汉气息，延续着盛世气派的唐宋遗风，沿袭着灿烂辉煌的魏晋脉络，流传着独领风骚的元、明、清神韵。

图片来源于博观拍卖

九口南红

第四节　红白料

红白料为红色与白色相伴生成。

比如常见的红白蚕丝料，其中红白分明者罕见，可称为上品。人们通过巧妙的设计雕刻，可达到意想不到的艺术效果。

九口南红

红白料的欣赏特征

红：红色或紫色纯正；

浓：颜色有厚重感；

艳：颜色要鲜艳——红如锦白如雪；

润：整体玉石温润度要好；

瓷：白色部分具备瓷感；

工：红白分明的巧色，或渐变的色的运用。

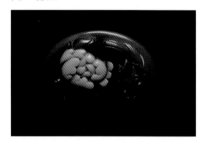

九口南红

红白料是一种很特别的料子，白色部分像是瓷器或者年糕的感觉，洁白、细腻、不透明、好的红白料红白分明，很有特色。

纯白料有瓷白、润白、蚕丝白、粉白等。

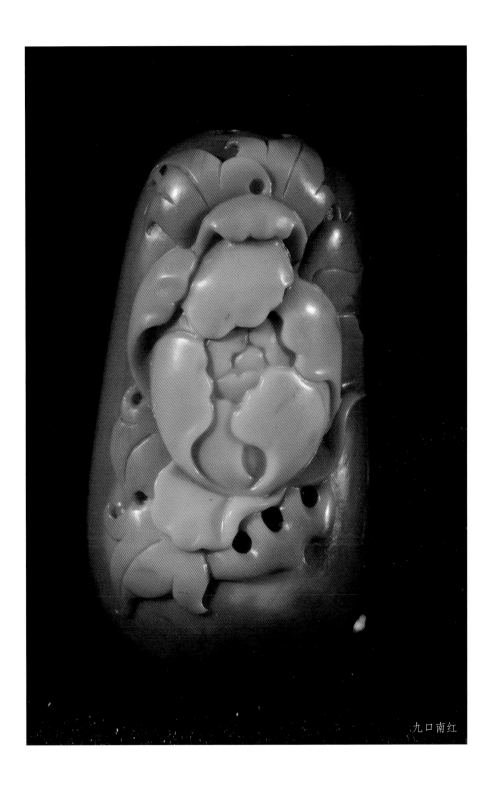

九口南红

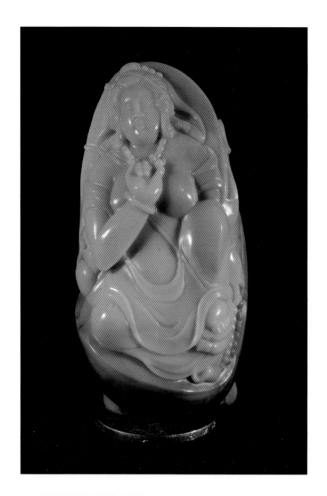

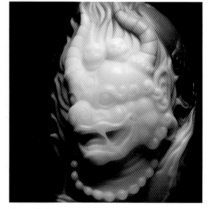

九口南红

第五节　缟红料

因其纹理类似红缟纹理故被玩家们称为缟红纹南红。

有着以红色系为主体的缤纷纹理的南红材料。

有人把这种具有红色和白色相间的条纹叫做缟红料。商业上一般将有红色条纹的都叫作缟红料。

缟红料的特质

色：红、白，最佳的颜色为白、如瓷、红如锦；

艳：鲜艳；

润：温润即油润。"珠圆玉润"——温润即要有胶感；

形：形态好，最佳形态是红白相间。一般纹路越细、越清楚越好；

工：雕工要结合纹理，运用巧雕。

 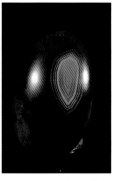 

保山南红　　　　　　　九口南红　　　　　　　保山南红

九口南红妙笔著春秋　此图片来源于博观拍卖南红玛瑙

九口南红　此图片来源于博观拍卖　　　　　九口南红　此图片来源于博观拍卖

第六节　樱桃红

以四川联合乡出产为主，联合料属通透玉料，晶体非常细腻。那里出的料子两极分化很严重，好的为极品樱桃红。联合料水头足，且通透。

樱桃红的颜色：深红至浅红，橙红至紫红。

樱桃红是四川联合科南红里的一个特色，比起浓郁的柿子红等，樱桃红显得略显清淡，而正是这种略淡且还带点粉桃色的成色，使樱桃红独具风韵。

红：如熟透的樱桃般红艳。

樱桃红里有一点紫色色调，呈现富贵之气。过去讲"紫袍玉带""红中带紫"，就是指这种颜色。

樱桃红中带粉色且颜色较淡，体现娇嫩、鲜艳、亮丽，富有朝气。

樱桃色中带有一点橙色，如同蓝宝石中的"莲花"，红橙柔和相间如同盛开的莲花。

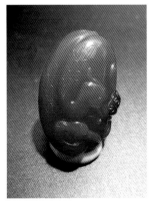

联合南红　　　　　　　　　　　　　　　　　　　紫色富贵之气

水红色娇嫩之感

橙红别具风格

联合南红

第7节　冰飘

　　冰飘就是指在南红的无色或少色晶莹剔透的底子上，飘着浓或淡的红色朱砂点或者花纹。

　　它通透清澈，冰清玉洁，在纯净如冰的底子上，飘散着缕缕灵动的红艳之色，呈现出冰凉的视觉效果，给人们带来一种夏天里的一丝清凉之感。

　　冰漂主要产自于凉山。

　　冰漂的美令人怜爱无比、爱不释手，是一种心神陶醉之美。

　　传世的精品之作，更成为人们收藏保值的一种绝佳选择。

　　冰飘南红给了雕刻师巨大的创作空间，不管哪块玉石，俏色雕刻历来是雕刻师最喜欢的料子，冰飘料的作品如诗如画。

　　冰种飘红的玛瑙让人有种亲近感，它集天地间灵气和后天的完美雕饰，在烘托人的气质的同时，演绎着一种低调的处事之风，散发着一种独特的神韵和气质。

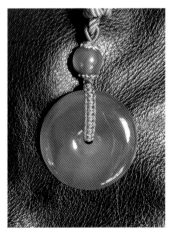

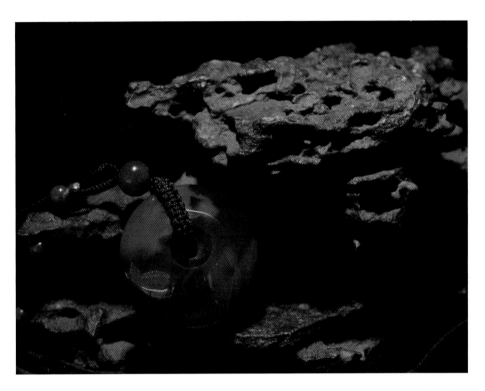

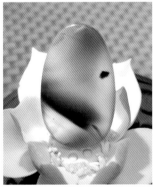

形、色、地、工是欣赏的要点。对于现代女性而言，是绝佳的佩戴选择。一丝清凉、一抹红艳，朦胧的世界透出一点霞光，慢慢的人生独留一方天真

第八节 琥珀料

　　琥珀料是云南保山的特产，一般个体不大。

　　冰红既是颜色浅透明度好的一类南红，琥珀料是冰红当中的带有宝光效应的南红。

南红中的红宝石

　　琥珀料是冰红中的极品，一般颜色较淡，红色中带有黄色。

　　琥珀料如同琥珀中的顶级品种的金红，有红光和金光呈现。故称为琥珀料南红。

顶级琥珀品种：金红

琥珀料特征：通透、灵动、娇艳。

琥珀料犹如蓝宝石中的"火莲花"，可闪现出红光、橙光，如同燃烧的火源，似盛开的红莲花。

冰红（一般冰红和琥珀料）

红艳灵动琥珀光

第九节　荔枝冻

荔枝冻是保山特产，为南红里一种罕见的高档料。

南红荔枝冻，是南红中奇特的存在，它像一颗刚刚剥开的荔枝，晶莹剔透、冰清玉洁。它是南红中的白富美。

荔枝冻，顾名思义，就像荔枝的肉那样晶莹、嫩白，少裂纹、肉感强、有荧光效果。是南红里一种非常稀有的一种料子，为收藏级的稀有饰品。

 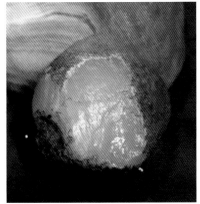

荔枝冻的魅力

（1）白

荔枝冻那种晶莹雪白的颜色是其独特的魅力。

温润的白色。和田玉里的羊脂玉是最为深受中国人喜欢的玉，几乎成为人们心目中玉的代表色。荔枝冻饱满的白色不娇不浮、温润的质地油脂感极强，可堪称南红中的"羊脂"。

（2）润

南红属于玛瑙的一种，具有玉的油润质感。

荔枝冻一定要有油润性，具有果冻肉的润白质感。

（3）透

荔枝冻具有一定的透光性，一般为半透明状。

白则透，润则美，细嫩美白的荔枝冻在透光下看着会更加的美。同时，半透也可以让你看清内在结构、裂纹、杂质等。

（4）嫩

是指娇嫩。荔枝冻南红美白如肌，如少女肌肤般细嫩诱人。

它所呈现出半透明状态的莹润、白嫩的质感和色泽被人称道。

（5）莹

是指内部的微弱荧光，散发出由内而外的美，含蓄而大方。迷人的气质并且刚中有柔，具有君子风范。

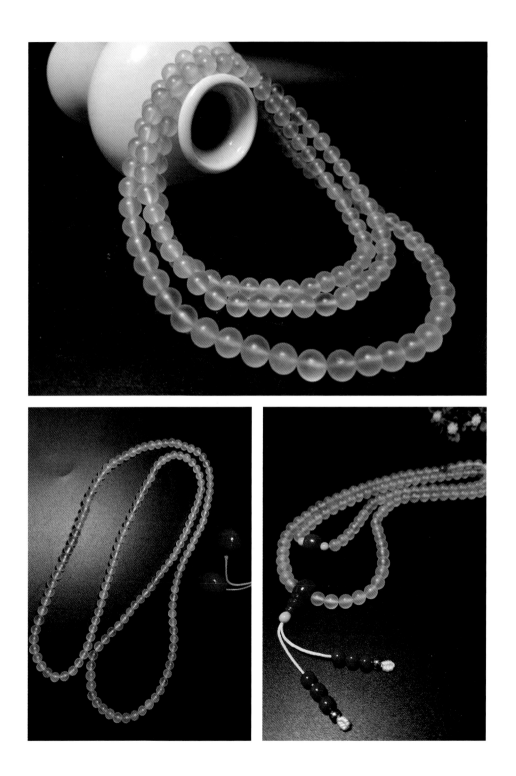

第十节　柿子红

柿子红，即包含了淡红到深红及紫红等所有红。

柿子红的颜色仅次于锦红，颜色相对浅一点。如同熟透的柿子。

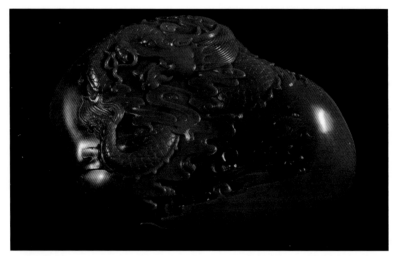

四川南红

　四川南红

柿子红是一种形象的比喻，柿子红的意思，就是说它的颜色很接近红柿子那样的红色。

柿子红特征

红艳中带一点点若有若无的粉白。

柿子红的颜色再浅一点，颜色会泛黄。这种红中带黄的颜色，也有一个约定成俗的叫法，称柿子黄。

柿子红等级划分

① 颜色正红

② 浓度很好

③ 阳为鲜艳

④ 整体一色（匀）

⑤ 有一定的润度

⑥ 有一定的凝重（厚重）

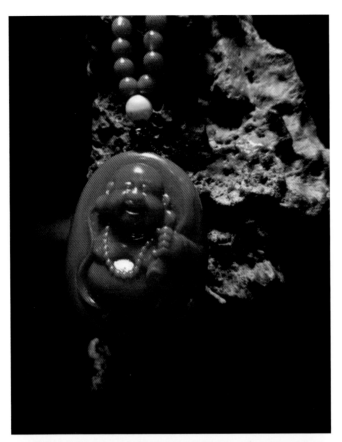

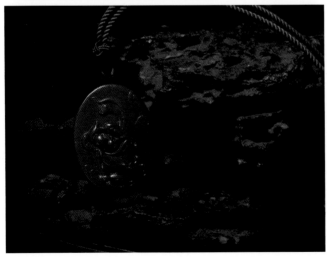

第十一节　柿子黄

柿子黄的颜色为红里带黄。

红色少，黄色较多，颜色红度仅次于柿子红，也有颜色较黄的。

柿子黄与柿子红往往共生。

南红黄色部分往往润度极好，"红则不润，润则不红"南红的红度与朱砂点的多少有关，朱砂点越多、颜色越红。当朱砂点过多时润性减弱、当朱砂点过少时水性过大。

颜色较黄的柿子黄，一般润度较好。

柿子黄一般常与其他色混合也常常带有冻料。

柿子黄是一种低调的美，低调演绎着奢华，可见平凡之中的伟大。

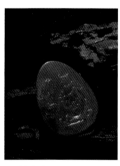

四川南红

四川南红

第十二节　包浆料

南红中的包浆料是指南红外层的包裹体。并且内部出现温润的质感。具备这种特征的南红料，俗称为南红"包浆料"。

包浆料按皮分类

铁皮包浆、砂皮包浆、粗皮包浆料、玻璃包浆、棕皮包浆料（棕红、棕黑）、绿皮包浆料、黄皮包浆料、红皮包浆料 、鸡血包浆、多彩包浆、包浆冻料、红白包浆等。

此图片来源于网络

欣赏几个包浆料作品

杨子奇《弥勒》

玻璃包浆：皮去掉，留下独特的玻璃包浆层。玻璃包浆玉质通常非常红艳细腻。

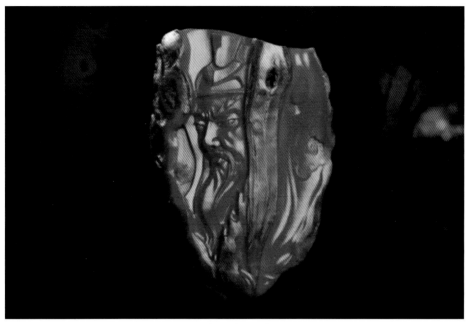

图片来源于（大全详解南红包浆料）王朝阳《剑魂》，生动诠释什么叫独一无二。包浆料主要体现在由于外皮的包裹而使其内在的南红更加油润

丁醒作品 红皮包浆

沈杭俊《静思》

面部骨骼隆起，刚劲有力，紧锁眉头展现岁月的凝聚，双目微睁暝思暮想，须发卷曲根根挺起，长眉飘然有峰如同悬挂之利剑，隆起天庭承接日月精华，方圆地阁托起世间乾坤。紫带袈裟筑起后方铜墙铁壁。星点香火腾空飘散，手中念珠润泽光滑，五指如流水揭示慈悲为怀。整体画卷具有定天地泣鬼的气概

皮雕工艺——李栋包浆料神佛

1. 铁皮包浆

苏州兄弟玉雕工作室 《梵境》

2. 棕皮包浆

 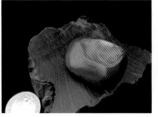 

3. 黄皮包浆

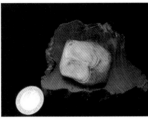

南红玛瑙外面包着一层不是南红的东西，这层东西呢，有乌石的，有其他色的玛瑙等。

黄皮缠丝　　　　　　玻璃包浆

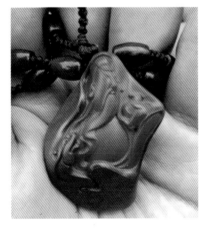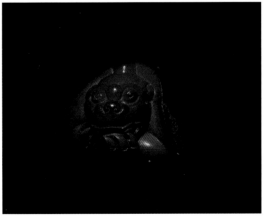

型好、色好、完整度高、题材很传统，
并且与料的结合非常完美，堪称佳作
（此图片来源于网络）

第十三节　多彩南红

1."冰三彩"

紫冰——春光；

粉红——娇艳；

淡黄——柔美。

紫色为春光（中国传统观念为春色，
表示长寿），粉红象征娇艳，淡黄诠释柔美。

2."冻三彩"

玻璃冻；

枣泥冻；

柿子红。

3."皮三彩"

籽料的外皮带有多色。

犹如盐源玛瑙的层状多彩

4.三彩包浆

厚重沉稳的土黄，鲜艳亮丽的锦红，
温润柔和的柿子红。（柿子黄）

此图片来源于网络

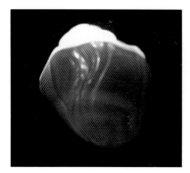

黄三彩

温和、平凡、艳丽——真正诠释国人的完美性格！

保山南红《鱼化龙》

第三章
各个产地
南红的区别

各个产地的南红差别很大，可以从光泽、颜色、质地、结构等方面进行比较。

第一节　保山南红与凉山南红的区别

保山南红与凉山（九口、瓦西）南红的对比主要是指对满肉、满色品种的对比。

1.光泽
同样抛光，保山南红的光泽弱于凉山南红。　一般保山南红大部分是抛亚光，这样更能体现保山南红的底蕴感。保山滴水洞，据称已有500多年开采历史。

2.颜色
四川的颜色品种多，保山颜色单一。

锦红、玫瑰红等是凉山的特产。玫瑰红就是人们说的"红得发紫"。

颜色色调不同：强光照射宝山南红泛黄色、泛橙。四川南红泛白色、泛紫。

左边瓦西南红、右边保山南红

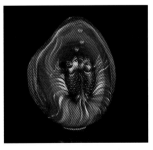

四川凉山南红，此图片来源于苏州南红网。

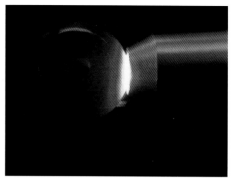

宝山南红   凉山南红

3．朱砂点

保山南红的朱砂点密且均匀、四川南红的朱砂点疏松且不匀。

对于满肉满色的南红需要放大观察。川料可以出现水草花，而宝山南红一般不会出现水草花。

保山南红朱砂点显微放大   四川南红朱砂点显微放大

川料特征的水草花

4.匀度

凉山南红的颜色往往不匀，质地变化也大，并且他们的过渡比较生硬。保山南红一般颜色和质地较均匀。

凉山南红

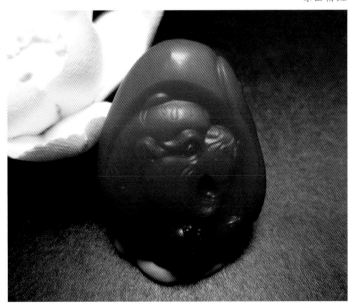

5.手感

凉山南红石滑，保山南红细糯。同样表面显微放大，凉山细腻紧密、宝山粗糙疏松。实际就是质地的紧密程度不同。

保山南红表面的显微放大

凉山南红表面的显微放大

6.视重

凉山的南红视觉重，保山南红视觉轻。视重——肉眼观察的一种感觉。

凉山南红   宝山南红

8.透明度

一般保山南红的透明度高于凉山南红。同样的光照射，宝山南红出现整体微透明，凉山的只是边角皮薄处微透明。

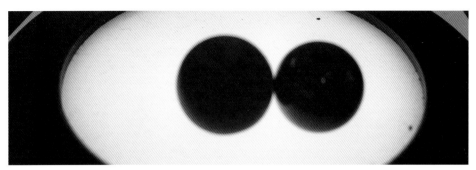

左为保山南红、右为凉山南红

9.结构

保山南红常常出现裂纹，凉山南红裂纹较少。保山料结构没有凉山料致密，即结合没有那么紧密所以常常出现裂纹。

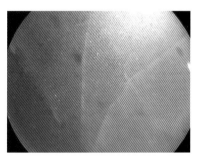

保山南红裂纹发育

10.润度

润度不同，保山的润度强（油性强）。行内说的"胶质感"只出现在宝山南红中，川料胶质感差。

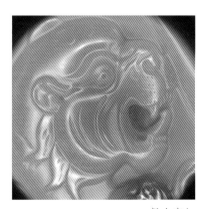

保山南红

11. 红外光谱不同

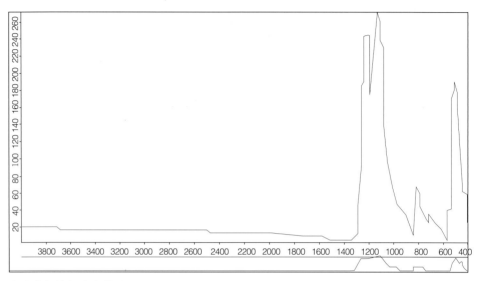

保山南红的红外光谱图

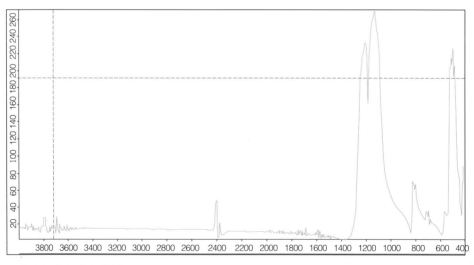

凉山南红的红外光谱图

第二节　保山南红与金沙江南红的区别

保山产出的南红为山料，金沙江产出的南红为籽料。

保山山料　　　　　　　　　　　　　　　　金沙江籽料

1. 光泽

金沙江南红的光泽略强于保山南红。

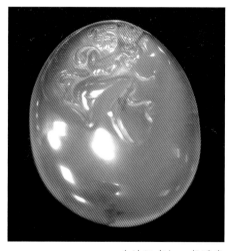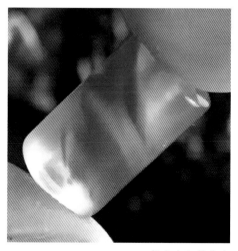

金沙江南红一般透光　　　　　　　　　　　保山南红是收光

2.颜色

金沙江籽料的颜色种类较多,但一般颜色较淡。保山南红颜色种类相对较少。

金沙江籽料

3.朱砂点

金沙江籽料的红色是由松散飘逸的朱砂点组成,呈现松散状分布。保山南红的朱砂点较为密集。

金沙江籽料

保山南红

松散飘逸的金沙江籽料朱砂点

4.匀度

金沙江南红一般局部较匀,保山南红一般较均匀。

保山南红在颜色和质地上均较匀,金沙江南红一般质地均匀,颜色不匀。

金沙江南红

保山南红

5. 外皮

（南红的保山料没有外皮，金沙江料有外皮）

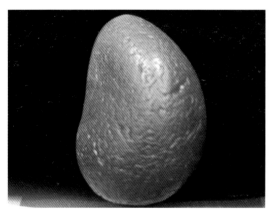

金沙江南红籽料外皮上的"指甲纹"

6. 刚性

南红的金沙江料刚性略强于保山料。

金沙江南红籽料一般水中带刚，刚性略强。保山南红一般油中带刚，刚性较弱。

金沙江南红

保山南红

7. 透明度

金沙江南红的透明度更好。

同样红度的金沙江南红和保山南红相比透明度更好。金沙江南红很少有红色微透明的"满肉"南红。

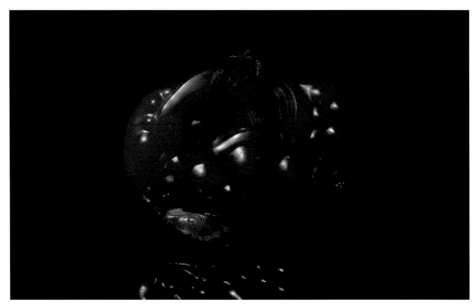

金沙江南红

8. 结构

保山南红裂纹极多，金沙江南红几乎没有裂纹。

金沙江南红

保山南红

9. 润度

金沙江南红油性不足且水性强。金沙江南红的油性如同掺了水的油。

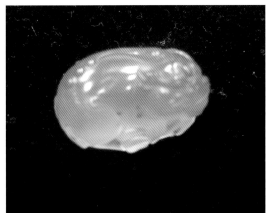

金沙江南红

保山南红　　　　　　　　　　　　金沙江南红籽料

10. 红外光谱

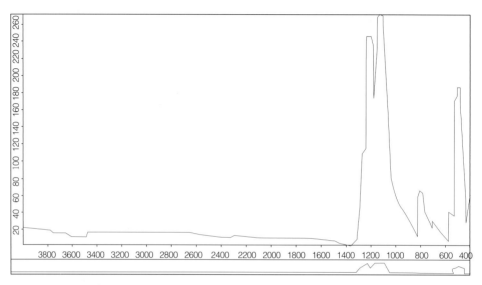

保山南红红外光谱

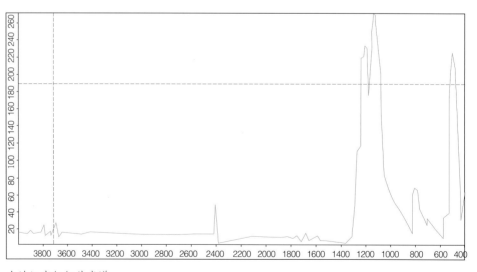

金沙江南红红外光谱

第三节　保山南红与甘肃南红的区别

1. 光泽

甘南红存留于世的都是老南红，由于年代久远及包浆的存在使得甘肃南红的光泽一般很弱。

甘肃南红　　　　　　　　　　　　　　　　　　保山南红

2. 颜色

甘南红有柿子红、柿子黄、镐纹料、白料等，颜色一般不匀。

甘南红颜色较单一，没有"辣椒红"。

甘肃南红　　　　　　　　　　　　　　　　　　保山南红

85

3. 朱砂点

甘南红的朱砂点形态与保山东山南红料接近。

甘南红朱砂点显微放大　　　　南红的东山料朱砂点显微放大

甘南红的朱砂点不太规则，没有保山西山料圆滑，比川料（联合、雷波）规则、圆滑。

4. 匀度

甘南红往往不"满色"。

满色：就是颜色一致，一颗珠子是一种颜色，比如柿子红和柿子红冻肉混合在一起的，颜色均匀一致，就可以叫做满色。

甘南红由于冻肉的出现而不"满肉"。

　甘肃南红　　　　　　　　　　保山滴水洞"满肉"南红。

满肉：就是 100% 地都是肉。所谓肉，就是不透明的柿子红。但是一般珠子都是不同的透明体在一起，只要打光有 90% 不透明，都可以视为满肉。

5.浮絮

由于"包浆"，甘南红一般表面均不见浮絮。（浮絮即柿子红的表面的白色粉状物）

"包浆"南红由于长时间佩戴，人的油脂进入南红的颗粒和孔隙之间，使南红变得更加红润。

6.结构

老南红由于长时间佩戴裂纹基本没有，新南红常常出现玛瑙纹及绺裂。

包浆的作用使得绺裂基本不见了

7.润度

老南红经过长时间佩戴润度极佳

8.冻肉

冻肉：像果冻一样，具体形容就是胶感、细腻、半透明，完全可以想像成果冻的样子。冻肉有很多种颜色，例如：荔枝冻，就是带点肉色的感觉；柿子冻，就是柿子红的颜色，但是打光是透明的。柿子红和柿子冻组合在一起的东西，也可以叫做满色。白冻，就是白色冻肉！

9. 温润极佳的甘南红

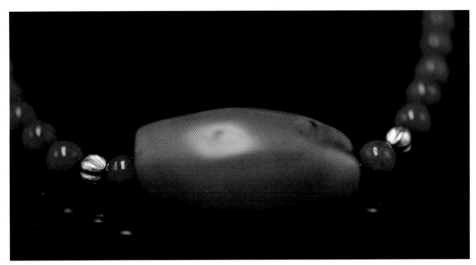

由于包浆的作用使得甘南红出现了极佳的温润度

保山滴水润南红

第四节 保山南红与联合料南红的区别

保山料与联合料的对比只是针对保山的浅颜色冰红料（琥珀料）与联合料的对比。

保山料（琥珀料）　　　　　　　　　　联合料

1. 光泽

保山料与联合料的光泽差不多，联合南红略强于保山南红。发光位置不同（表面反光，内表面反光）：保山料的反光是由表面、内表面同时反光，即反光点有一定的厚度，好像有些反光是由内部发出来的；而联合料的反光点只是在表面。

内表面、表面同时反光  表面反光

左为保山南红，右为联合南红

2. 颜色

联合料的颜色种类多于保山料（如粉白红色、深紫色等保山料所不具备）。

前 3 个为联合南红，后 2 个为保山南红

颜色略有不同（联合料色域宽）。联合料的特征色是樱桃红，保山料的特征色是琥珀红。

3. 朱砂点

保山南红的朱砂点分布比较均匀，疏密度一致；而联合料南红朱砂点分布却参差不齐，有的地方密集，有的地方稀疏。

显微放大保山料南红的图片
朱砂点细小、密集、均匀

显微放大联合料南红的图片
朱砂点粗大、松散、不匀

4.结构

保山料的致密程度高于联合料。

保山料表面放大图片　　　　　联合料表面放大图片

（用卡兰德仪器显微放大）

结构的紧密程度不同

保山料表面放大图片　　　　　联合料表面放大图片

（用卡兰德仪器折光显微放大）

保山料如同和田玉籽料（颗粒间紧密相连）联合料结构如同和田玉山料。

5.荧光

保山料常常出现荧光；联合科不出现荧光。

红色荧光，可以叫火彩。琥珀料可有火彩效应。

前2个为联合科南红，后2个为保山科南红

6.反光、透光的反应

联合料南红

保山料南红

联合料南红

保山料南红

白光下保山料与联合料图片　　　透光下保山料与联合料图片

在白色背景反光条件下，琥珀料与樱桃红颜色相差无几。改换成暗色背景的反光条件，明显透明度不同、颜色不同。

当在透光条件下，琥珀料（保山科）会出现橙黄色；樱桃红（联合科）会出现白褐色、紫褐色色调。

7.水草花

水草花的出现往往就是川料的特征了。

保山料也会出现色带、色团、色块等形态，往往是飘带状的。

联合科南红的水草花

8.润度

保山料具有果冻感；联合料具有玻璃质感。

保山料   联合料

左为保山料油润，右为联合料水润

9.琥珀料南红（保山）

保山琥珀科南红

如同极品琥珀金红（可呈现金光、红光），又像琥珀中的极品血珀（带有光泽的鲜艳的血）

琥珀料的荧光

琥珀料的荧光犹如玻璃种翡翠的荧光、且为红色荧光

10. 樱桃红南红（联合料）

如同熟透的樱桃——鲜红，骄艳。

联合科南红 红色中往往带点紫色

11. 冰飘

冰飘常出现在联合料中（红色部分呈板结状、树枝状）。保山料中红色部分呈飘沙状。

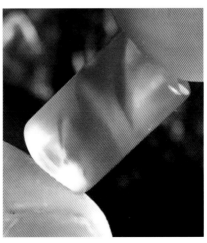

联合冰飘——雾里看花　　　　　　保山料——飘逸锦带

95

12. 红外光谱

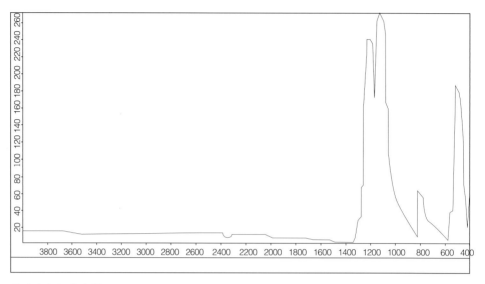

保山南红红外光谱

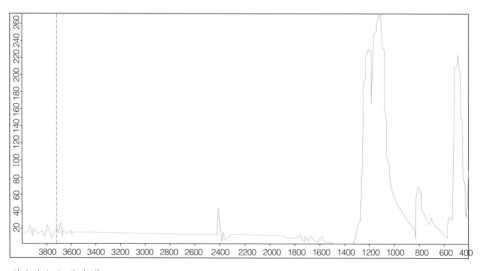

联合南红红外光谱

琥珀科南红

第五节 保山南红与雷波料南红的区别

1. 光泽

同样抛光，雷波料光泽弱，保山料光泽强。

雷波料结构没有保山的致密，导致光泽较保山的要弱。

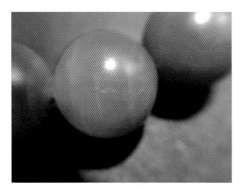 

雷波料   保山南红

2. 颜色

雷波料颜色泛紫、泛白、泛粉

保山料颜色泛黄、泛橙、泛实

　　再对比一下：左为雷波料，右为保山料。雷波料颜色泛紫、泛白、泛粉；保山料颜色泛黄、泛橙、泛实

3. 朱砂点

保山料南红的朱砂点细小均匀。

雷波料南红的朱砂点不匀、不圆、松散。

雷波料的朱砂点不匀常出现水草花。

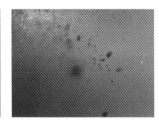

4. 匀度

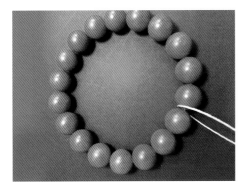

保山料南红由匀到较匀　　　　　　　　　　　雷波料南红一般不匀

5. 手感

保山料南红手感油腻，雷波料南红手感涩糙。

左为保山料南红、右为雷波料南红

6. 视重

保山料南红沉稳，雷波料南红漂浮。

左为雷波料南红、右为保山料南红

7. 透明度

雷波料南红水透

保山料南红微透

保山料南红的光晕是黄色的，凉山料南红的光晕是白色的。

8. 浮絮

表面的白色浮絮，保山南红少、雷波南红多。

雷波料

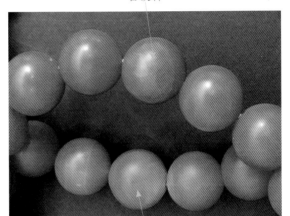

保山料

9. 包体

裂纹不同。

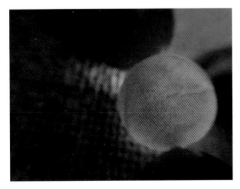

雷波料的裂纹方向性不强

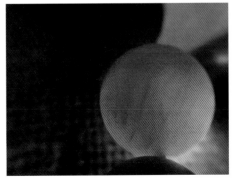

保山料的裂纹具有一定的方向性

10. 结构

保山料南红结构致密　　　　雷波料南红结构松散

保山料南红可称为满肉，而雷波料南红则不能称为满肉，雷波料结构常常是块状。

11. 润度

雷波料有一点水润的油脂感。

保山料的油脂感是由内而外呈现的且浓厚。

左为雷波料南红、右为保山料南红　　　南红珠子保山极品南红

12. 红外

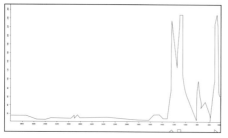

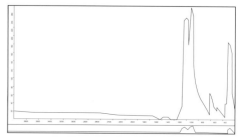

　雷波料红外光谱图　　　　保山料红外光谱图

第六节 保山南红与非洲料的区别

1. 原料特征

非洲玛瑙外层多为"冻"，有"白冻""灰冻""黑灰冻"等。（注：非洲料可称为玛瑙，不能称为南红。）

内部出现洒红、粉红、粉等颜色，部分见有白色缠丝。

2. 光泽

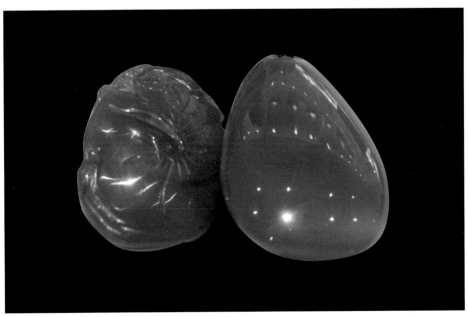

南红油脂光泽（左），非洲玛瑙玻璃光泽（右）

3. 颜色

非洲料颜色泛紫、泛灰（左１２３）
保山南红（右１）

非洲科

非洲料的颜色有酒红、粉红、粉等，颜色里常带有橙褐色色调。
常常可见白色缠丝，质地水透，这种橙褐只有非洲玛瑙所具备。

4. 表面放大

保山南红表面放大

非洲玛瑙表面放大

5. 朱砂点

保山料南红朱砂点　　　　　　　　　　　非州料南红朱砂点

非洲玛瑙的朱砂点，为飘絮雾状，放大观察呈细小的丝条飘絮雾状。非洲玛瑙保山的朱砂点是均匀的粒状。

非洲玛瑙

6. 质地（红色部分）

非洲玛瑙松散、水透　　　　　　　　保山南红紧密、凝聚

　　非洲玛瑙质地非常疏松，保山料比较紧密，凉山料更加紧密，透明却无刚性。

7. 润度

非洲玛瑙水润感（左）　　　　　　　保山南红油润感（右）

8. 红外光谱

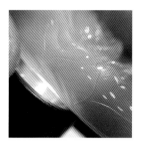

非洲玛瑙

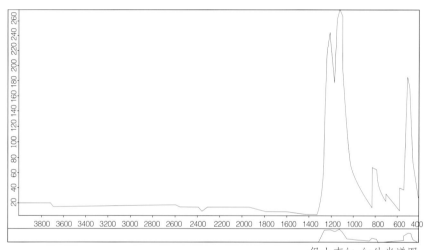

保山南红 红外光谱图

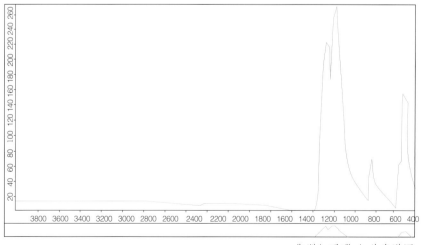

非洲红玛瑙 红外光谱图

非洲玛瑙的冻有白冻、灰冻、黑灰冻等。

保山南红

第七节 九口料南红与瓦西料南红的区别

1. 光泽

瓦西料南红光泽弱，九口料南红光泽强。

瓦西料南红（上2条），九口料南红（下2条）

2. 颜色

瓦西料南红颜色单一，九口料南红颜色丰富。瓦西料红中带橙色色调，九口料红中带紫色色调，即使是"满色""满肉"的九口南红，也往往存在一些玫瑰红的渐变颜色。

瓦西料南红——橙红（左），九口料南红——紫红（右）

3. 朱砂点

显微下九口南红朱砂点很小　　显微下瓦西南红朱砂点极小

111

4. 匀度

九口料南红一般不匀,
瓦西料南红一般较匀。

九口料南红一般由几种
颜色混和(如右图辣椒红加
柿子红),瓦西料南红一般
颜色统一(如右图柿子红)。

九口料南红

瓦西料南红

5. 九口特产料

玫瑰红、火焰红南红都是九口的特产,真正的锦江南红出自九口。

锦红南红

九口特产玫瑰红南红

6. 瓦西特产料

瓦西料南红,匀润

7. 透明度

同样"满肉""满色"南红九口料南红微透，瓦西料南红较透。

九口南红透明度差　　　　瓦西南红透明度好

8. 质地

南红九口料具有瓷器特质，会产生一种古朴又深邃的魅力，南红瓦西料具有和田羊脂玉的特质，柔软且温润均。

两者的匀度不同。

九口南红如同红色瓷器，玻璃质感　　　瓦西南红如同和田玉，油脂质感

九口料显微放大　　　　瓦西料显微放大

9. 包浆料

九口包浆料南红红润，瓦西包浆料南红橙润。

九口包浆料南红　　　　　　　瓦西包浆料南红

　瓦西包浆料南红

第八节 保山南红东山料与西山料的区别

1.光泽

同样抛光，东山科的光浮于表面，西山料由次内层反光。

东山南红　　　　　　　　　　　　　　　　　　　　　　　　西山南红

左边三颗光泽尖锐（东山），右边二颗光泽柔和（西山）

2.颜色

东山料南红的颜色一般比西山料南红要红。

东山南红（左）、西山南红（右）　　　　　东山南红（左）、西山南红（右）

3．朱砂点

东山料南红朱砂点一般较大且不规则，西山料南红一般较小且圆滑。

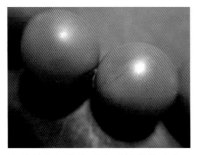

东山料南红的朱砂点（显微放大）

西山料南红的朱砂点（显微放大）

4．匀度

西山料南红一般较东山料南红均匀。

东山料南红不均匀

西山料南红均匀

东山南红（左） 西山（右）

5．手感

东山南红石滑，西山南红润滑。

6．视重

东山南红感觉石重，西山南红感
觉沉重。

东山南红（左）、西山南红（右）

7．刚性

东山南红刚性强于西山南红，东山南红石性大、玉性小。

东山南红(左)、西山南红(右)　东山南红（左边3个）、西山南红（右边2个）

8．透明度

东山料南红的整体半透明到不透明，西山料南红表面透明、内部透明
度弱。

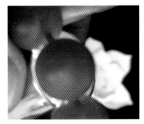 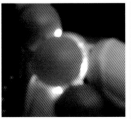  

东山南红　　　　西山南红　　　　东山南红　　　　西山南红

9.声音

东山料声音轻悦，西山料声音沉闷。

东山南红（左）、西山南红（右）

10.浮絮

东山料南红表面常常会有一些白色的浮絮，西山料南红一般白色浮絮很少。

东山南红（左）、西山南红（右）

11.包体形态

东山料水线远比西山料清晰。

东山料南红

西山科南红

12. 结构

东山料南红一般是斑块状颗粒、且大小不太均匀，西山料南红一般为圆颗粒、颗粒大小相对较均匀。

东山料南红 西山料南红

东山料南红 西山料南红

13. 润度、胶质感

西山料油脂光泽强，东山料油脂性差；东山料胶质感弱，西山料胶质感强。

东山南红（左）、西山南红（右）

119

14.红外光谱

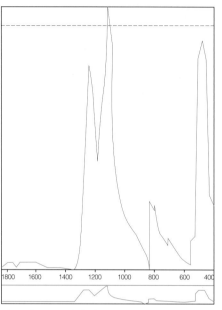

东山南红 红外光谱图

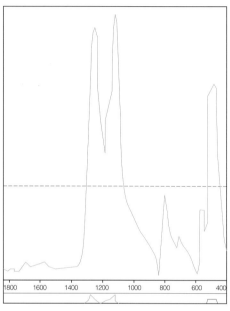

西山南红 红外光谱图

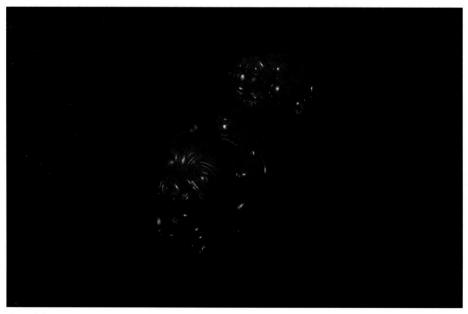

九口南红

保山西北南红

九口南红

第四章
南红的优化处理

随着南红被人们的逐渐认可，各种防伪作品大量出现在市场上。南红的鉴定显得非常重要。

第一节　南红的染色处理

南红的染色处理包含染色和烧色，玛瑙染色与烧色属于优化处理。

染色南红

1. 人工烧色

人工烧色的原理是通过简单的加热方式让 Fe^{2+} 氧化成 Fe^{3+}，从而将灰色的玛瑙转换为红色玛瑙。

玛瑙成分中含有少量显色离子，若只含有 Fe^{3+} 离子玛瑙就会呈现天然红色，若只含有 Fe^{2+} 离子就会呈现青灰色。自然界中绝大多数的玛瑙都同时含有 Fe^{3+} 和 Fe^{2+} 两种离子，玛瑙就会呈现出价值较低的晴灰色和青灰色。而在氧化条件下 Fe^{2+} 可以转变成 Fe^{3+}，从而能够呈现红色。

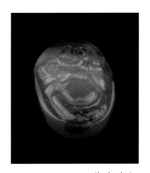

烧色南红

123

2. 人工染色

人工染色玛瑙是用硝酸铁或氧化铁溶液浸泡，再以硝酸钠浸泡，干燥后加热进行酸化处理，就可以使它变为红色。

染色玛瑙在高倍放大镜下观察，能看到其颜色沿晶体间空隙渗透的网状颜色分布；质感上玻璃感强，也无南红特有的脂感。

3. 川料染色

将红度差的川料南红加色相当于玛瑙的烧色——色上加色。

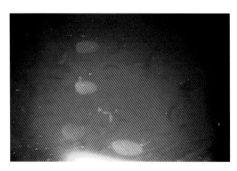 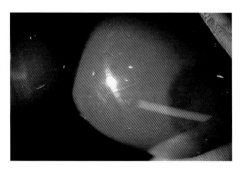

放大可见火劫纹

4．保山料染色

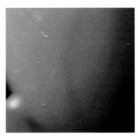
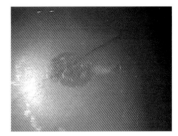

放大可见染色剂　　　　天然南红水线　　　　注胶加染色——加入有色胶进
　　　　　　　　　　　　　　　　　　　　　行染色

5．保山冰红染色

　　染色南红内部结构模糊，由朱砂点组成的色带不清楚。颜色位于南红的表面，其内部色淡。

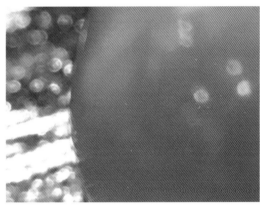

颜色汇集于表面，由朱砂点组成的色带不清楚，颜色在表面

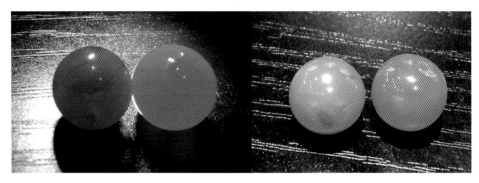

天然（左）、染色（右）　　　　　　天然（左）、染色（右）

6.四川冰红染色

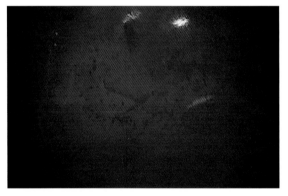

染色形态成印染状分布，如同红色茶渍

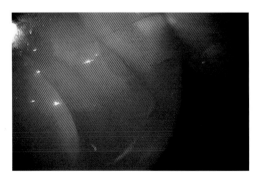

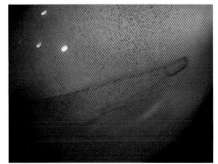

染色部分呈水渍状，如同墨字边散开　　　染色剂与朱砂点共存，色上加色的典型
　　　　　　　　　　　　　　　　　　　特征

第二节　南红的充填处理

使用无色透明或是有色的环氧化树脂可以对绺裂甚多的南红材料起到黏合加固的作用。

真空注胶在南红加工上也开始应用。经过这样处理的南红材料整体性很好，不再是单纯的天然宝石了，时间久了会裂开，无收藏价值。

注过胶的原石较容易识别：在外层有一层透明包裹体，间有细小气泡存在。

雕刻后的注胶南红肉眼较难识别，仔细观察会发现在内部有细如丝线的透明线纹

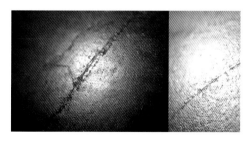

这些线纹一般贯穿的幅度较长，甚至贯穿整体。这种透明线状纹是伤裂经环氧胶填充后产生的。通常这种透明线纹较为平直

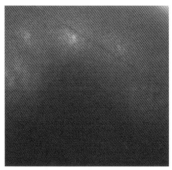

南红中的天然纹理

1．光泽

注胶的南红出现蜡状光泽，南红是带有胶质感的油脂光泽。注胶南红散光，南红收光。

注胶南红　　　　　　　　　天然南红

2．颜色

注胶南红颜色呆板、无灵动感，天然南红灵动感极强。

3.结构

注胶后南红的纹路结构
变得模糊。

注胶南红

4.放大观察

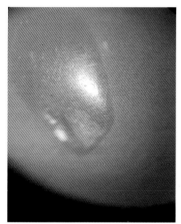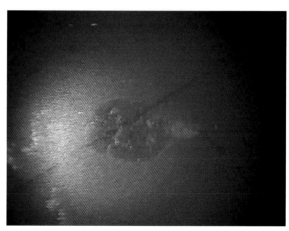

可见胶点、胶线。如图显微放大，使用的是无色胶

5.紫外灯下的反应

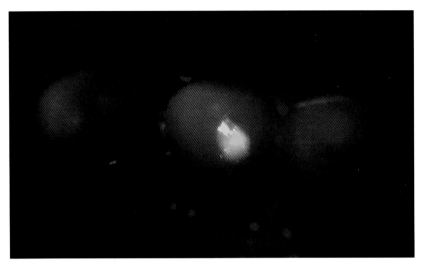

可见白垩状荧光

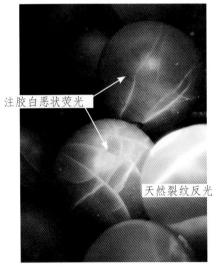

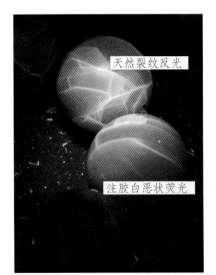

紫外灯下白垩状荧光是胶，黄色纹是裂纹。

6.红外光谱

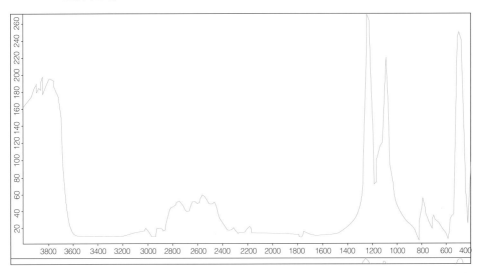

红外光谱反应胶的存在

注胶南红

第三节　南红染色及充填图例

　　上两节我们讲了染色和充填，这节我们再观察一下染色、非染色、注胶与天然南红的图片。

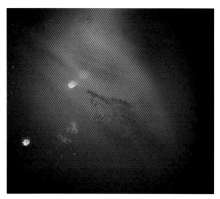

片状染色与天然朱砂点共存

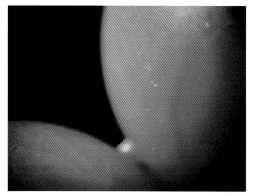

天然生长色带。天然朱砂点、天然色带形成玛瑙纹，天然绺裂呈白色状

天然散状朱砂点与天然色带

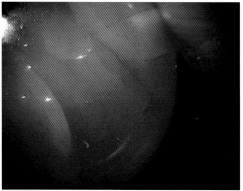

水渍状染色与朱砂点共存（色上加色）

天然裂隙

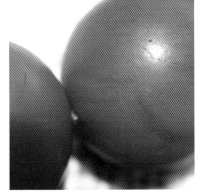

天然色带

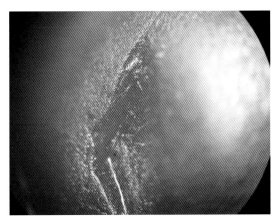

注入无色胶

紫外灯下反应，裂隙注胶

天然纹理

火劫纹

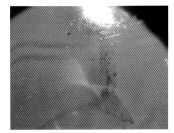

天然朱砂点、天然纹路、加色色斑

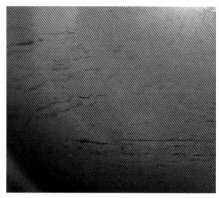

加色羊肝石（乌石）　　　　　　　　天然色带（玛瑙纹）

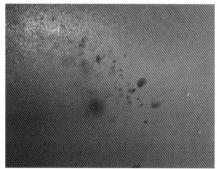

天然色素斑点　　　　　　　　　　　天然水草花

　保山南红

侯晓峰制作

　　完美极致，仰面长笑立体凸雕花边工艺，线条柔美刚毅。经典质感，念珠抛光，更显灵动，袈裟如丝带飘逸。简洁是雕工的最高艺术境界。

南红瑞兽

第五章
南红与相似品种的鉴别

本章简单介绍几种与南红特别相似品种的鉴别。

第一节　红碧石的鉴别

1. 颜色

红碧石的颜色有鸡血红色、紫红色、浅红色、褐红色、枣红色、棕红色等。红碧石又称羊肝石、乌石、红碧玉等，没有南红精光内敛的感觉。

红碧石是砖头红　　　　　　　　　　　　南红是润红

137

2.光照

红碧石不透光，在强光照射下基本一点不透明。因为红碧石内含有大量的黏土矿物，所以不透明。

红碧石不透光　　　　　　　　　　　南红透光

3.包体

放大观察红碧石表面可见杂质等。放大观察南红可以看到内部有朱砂点、色域、水草花、裂纹等。

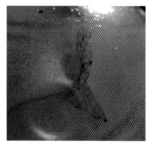

红碧石内部有大量黑丝状、黑点状包体等（图左1、左2）南红内部朱砂点裂纹等（图右1）

4.润性

红碧石观感干涩，缺乏光泽，油脂感和温润感很弱，石性很强。南红肉质饱满，质地温润，胶质感很好，石性较弱，玉质感强。

红碧石　　　　　　　　保山南红有一种独特的胶质感

5.红外光谱

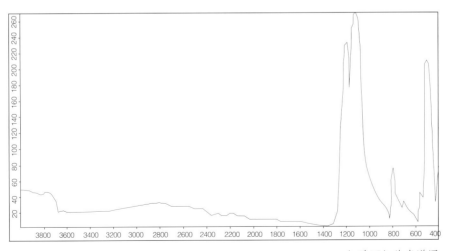

红碧石红外光谱图

6. 蒙料（特殊的料）

蒙料明显的偏干，石性重，像羊肝石。（蒙料与红碧石不同）

蒙料石性强，玉性差，灯光照射下部分透明。

　　蒙料放大观察可见片状、团状色斑。蒙料石性强，不具备玉石所特有的性质，所以不能称为玉石。

第二节　玛瑙的鉴别

1.天然红玛瑙

天然红玛瑙的颜色为天然形成的红色，没有经过人工的任何优化处理。天然红玛瑙的红色鲜艳、玛瑙纹清晰、荧光极强。天然的红玛瑙非常稀少，非常珍贵。

2.烧色红玛瑙

烧色红玛瑙即加热玛瑙，是将灰色玛瑙加热使之颜色变红、变鲜艳、光泽增强。

焙烧使玛瑙的颜色加浓，其总体颜色相对均一，玛瑙纹色带的边缘多呈渐变关系，界线模糊，没有天然玛瑙的红白分明。

烧色玛瑙脆性增大，硬度降低，其中暗色星点状包体趋向均一。

荧光极强，带有珠宝的光芒，古称为赤琼

烧色红玛瑙总体来说不自然，红色偏暗，无油脂感，玻璃感强。天然红玛瑙在红色、桔红色条带处放大观察可见密集排列的红色小斑点，而焙烧后小斑点消失或不清楚。

烧色玛瑙料脆，容易出现类似玻璃的崩口。

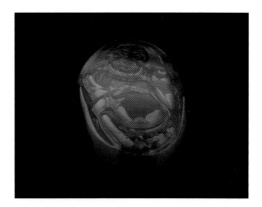

烧色玛瑙常常可见火劫纹

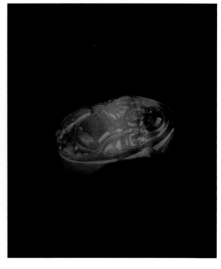

烧色玛瑙色闷，俗称死色，缺乏天然红玛瑙的清新亮丽的感觉，没有天然红玛瑙纯正艳丽的红色。

3.染色红玛瑙

　　天然红玛瑙与化学染色红玛瑙的区别在于：天然红玛瑙颜色较淡，而条带十分明显；化学染色红玛瑙颜色鲜艳、均一，条带不十分明显。

　　染色红玛瑙在高倍放大镜下观察，能看到颜色沿晶体间空隙渗透的网状颜色分布。

4.红外光谱

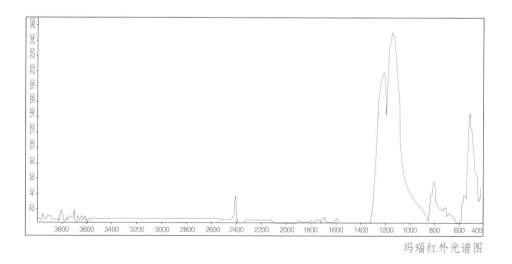

玛瑙红外光谱图

　　天然红玛瑙，玛瑙纹理清晰、层次分明，颜色变化自然，油润感强，荧光明显。

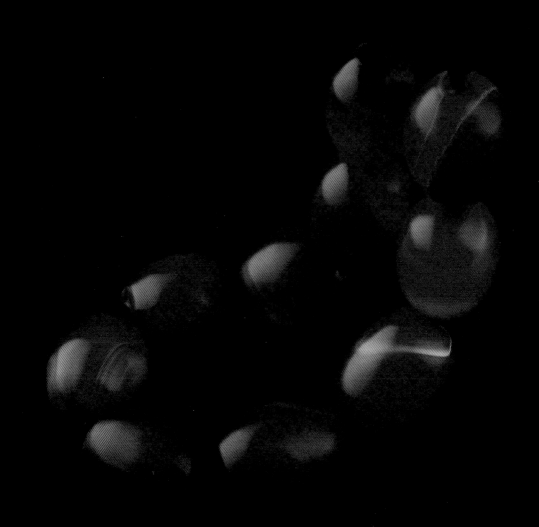

天然红玛瑙

第三节　红玻璃的鉴别

人工红玻璃仿南红，表面呈砂光，常常带有直线状条纹。

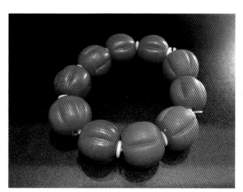

人工玻璃

人工玻璃与南红的对比

人工玻璃　　　　　　　　　　　　　　　南红

人工玻璃没有南红的玉质感。光泽呆板，没有灵动性、油脂感，表面放大观察可见拉丝纹理。

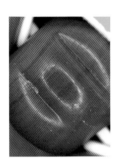

人工红玻璃呈拉丝状结构，拉丝呈两种颜色交替出现并且常常平行排列

人工红玻璃放大观察可见圆形气泡

人工红玻璃圆形气泡可成群状，常见白色粉末状破裂面

人工红玻璃放大观察可见圆形凹坑（圆形气泡在表面的现象）

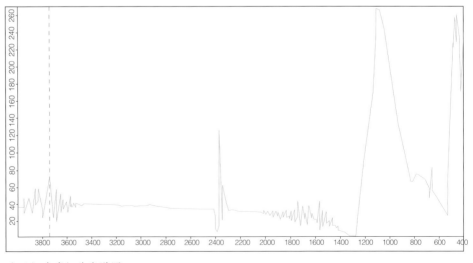

人工红玻璃红外光谱图

第四节　染色石英岩的鉴别

市面上出现一批"再造"石英岩仿南红。

鉴别方法

1. 颜色

左为南红右为石英岩　　　　　左为南红右为石英岩

南红的颜色为柿子红，红中往往带有橙色色调。再造石英岩的颜色是红色里带有紫色色调。南红的颜色是一种混合色，石英岩为单一色调。

2. 表面放大

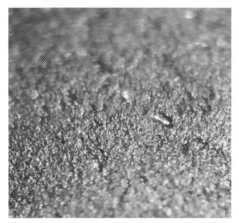 

石英岩显微照片　　　　　　　　　保山南红显微照片

表面放大石英岩可见石英颗粒的闪光（星点闪光）。

3. 透光度

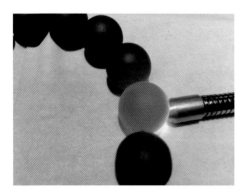 

石英岩较透　　　　　　　　　南红微透

4. 荧光

石英岩呈红荧光　　　　　　　　　　南红无红荧光

石英岩强光照射时会出现红色染料发出的红色荧光。如左上图红色荧光反射到麻布上使麻布变红。

5. 结构

南红常见包体而石英岩没有。

 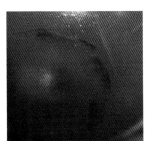

角状色带　　　　　　　　　　片状色域

线状纹　　　　　　　　　　水晶体

6. 润性

南红油润   石英岩干涩

7. 光泽

南红油脂光泽（左）、石英岩沙哑光泽（右）

8. 手感

南红手感滑腻，石英岩手感粗涩。

注：市面上还出现石英岩戒面仿南红，鉴定方法同上。

9. 红外光谱

表现出典型的石英岩的红外谱线特征。

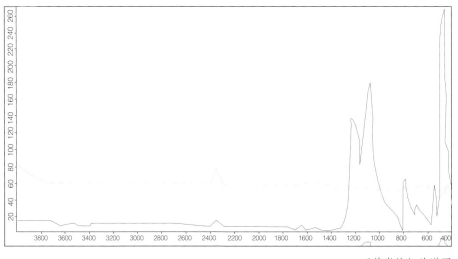

石英岩的红外谱图

九口南红、沈航俊制作，端庄、圣洁、慈祥、彩云、霞光、普渡、神韵。

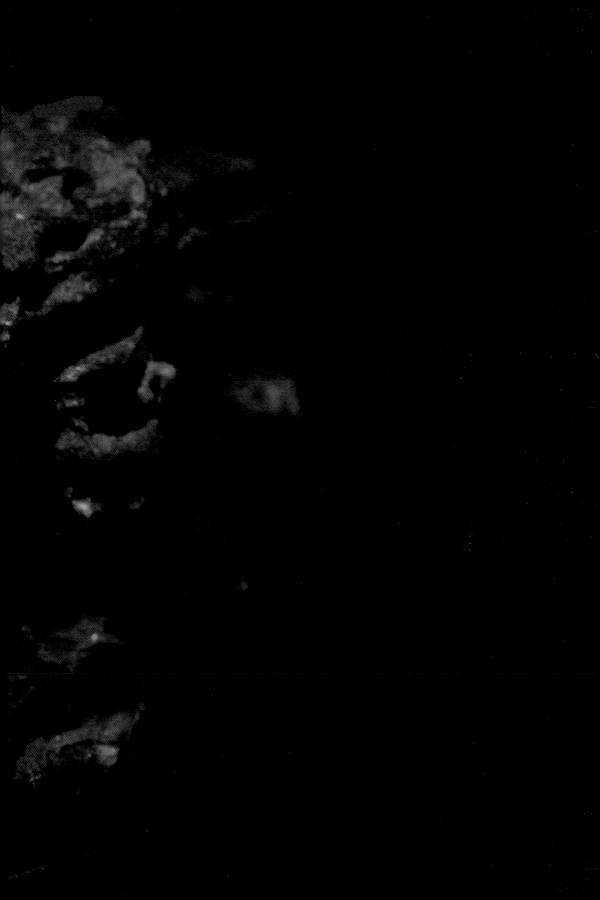

第六章
南红质量分级
及价值评估

第一节　南红的温润

　　南红的质量分级及价值评估要遵守"客观性、科学性、严谨性和可操作性"的原则，应注重珠宝玉石的基本特性即美丽程度、耐久程度、稀少程度、传统观念及可收藏性。

　　质量分级指标包括南红的温润程度、坚密程度、颜色的红艳程度、均匀程度、纯净程度、体积大小、雕工的优劣。在质量分级的前提下，并且参考政治、经济、人文理念等方面的综合因素来加以评估南红的价值。

　　宝石级、收藏级的南红要有一定的收藏价值。商业级、玩赏级南红不能有明显的石性，握在手里，一定不能感觉像握着个石头块，要有一定的温润脂感。

宝山南红

　　温润是玉石与石头的最根本的区别。"玉"虽然来自于石，但是只有具备一定温润的才能称得上玉。

　　好的南红质地要温润，即油脂感要强，具有行内所说的"胶质感"，胶质感是南红特有的本质。

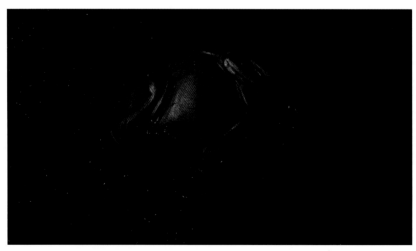

保山南红有极强的胶质感

温润程度分级

质地按温润程度：极温润、很温润、温润、较温润、不温润。

保山南红

1. 极温润

只是出现在保山料南红当中，表现为胶质感极强。
按倍数考虑的话，极温润的级别为：8~10。

保山南红

2. 很温润

凉山南红

很温润表现胶质感很强，只是出现在保山料、凉山南红的包浆料中或是金沙江籽料中。级别：5~7。

3. 温润

凉山南红

常出现在保山料、凉山南红中，能达到温润的南红就可以称为优质品了，表现为不石、不水。级别：3~4。

4. 较温润

为南红中质量一般的品质，属于商业品种，一般表现为有一定的石性。感觉质地较干，无胶质感，或是表现为水透（有一定的刚性）。级别：1~2。

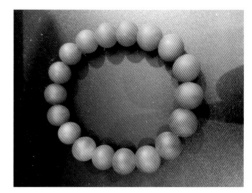

雷波南红

5. 不温润

石性非常大，如蒙料或羊肝石，是南红中品质最差的一种，石性极大。

级别：1。级别为1就是基数了，级别按倍数考虑。

温润指的是胶质感（透明度表现为浓于水、淡于蜡）。

蒙料

实例

金沙江籽料

　　金沙江南红料的油性很大，温润程度往往却一般。属于温润级别，级别：5左右。

　　温润程度可以通过佩戴加以改善。老南红一般质地较干，但由于长时间佩戴包浆进入，表现为温润程度极佳。

　　老南红表现为极强的胶质感。温润级别：10

樱桃红

第二节　南红的坚密

　　南红阳刚硬朗，光彩照人，具有其他玛瑙所没有的独特视觉美感。把玩欣赏南红，既给人热烈奔放之感，又给人沉稳坚定之气；既给人喜庆吉祥之气，又给人沉静幽雅之境；既能使人获得感官上的愉悦，又能使人获得精神上的支撑，让人蓄气养精，心旷神怡。这些均来源于南红的质地的坚密程度。

李栋制作
质地紧密——南红之美美在阳刚致密、沉稳内敛

1. 非常紧密

　　紧密程度指的是"肉"是否满与实，紧密程度要看朱砂点的多少及结合。非常紧密的南红往往是九口料。级别：9~10。

2.很紧密

朱砂点浓稠或是结合紧密，如：保山西山料、四川瓦西料。级别：6~8。

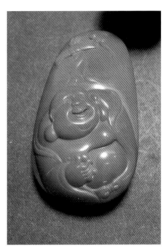

四川瓦西料

3.紧密

朱砂点很多，为"满色"。如：一般保山、四川料，顶级的樱桃红、顶级的琥珀料等。级别：3~5。

樱桃红

163

4．松散

朱砂点很少成松散状分布，如：冰红，颜色相对很淡。级别：1~2。

联合南红

5．非常松散

朱砂点很少或是分布极不匀（冰飘除外）。

级别：1。

高波料

此为南红紧密程度最低的状态，表现为朱砂点很少，颜色很淡，往往南红较透明。

第三节　南红的颜色

南红的颜色是指红色的纯净度和红色的浓郁度。纯净度是指颜色里包含了多少红色。如，橙红里有多少红色，紫红里有多少红色，暗红里有多少红色。颜色的浓郁度是指颜色的厚重感。

宝山南红

南红的纯净度

橙红　　　　　　　　　　正红　　　　　　　　　　紫红
颜色越靠近中部颜色越纯

南红的浓郁度

红色极少　　　　　　　　　　　　　　红色极多
红色越多浓郁度越高

南红不仅有艳丽华美之表，还兼内敛端庄之秀。它聚天地之精华，不张扬，深沉稳实，独特的天资如诗如画，尽显妩媚，耐看养眼，充满天然丹青之妙。将南红按照商业俗称进行分级如下：

1. 锦红（A）

九口南红，浓、正、艳、匀。四项均达到顶极。级别：10

2. 辣椒红（B）

保山南红，较浓、正、艳、匀。级别：9

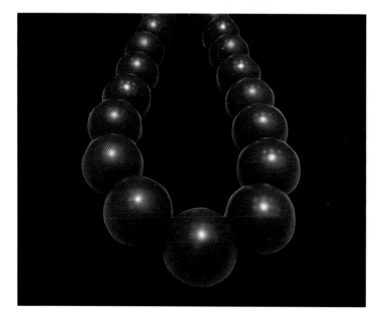

3.柿子红（C）

较浓、较正、较艳、较匀。

级别：6~8

保山南红

4.柿子红（D）

颜色均为一般

级别：3~5

5.柿子黄（E）

颜色为明显黄色(或包含紫色)。

级别为：1

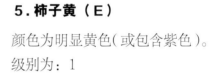

瓦西料

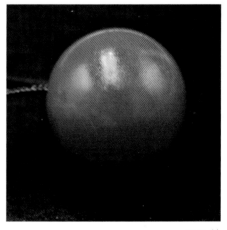

瓦西料

保山南红

第四节　南红的匀度

南红的颜色的匀度包含了颜色的均匀程度（即颜色的深浅、浓淡）和颜色的多少（满色程度）。

保山南红　　　　　　　　　　保山南红

一是指南红的红色是否均匀，二是指南红的质地是否均匀。综合考虑分级如下：

1. 极匀

整体颜色一致，肉眼观察"满色"无色差，质地均匀一致。

级别：8～10。

2. 很匀

属于"满色"，肉眼观察基本无色差，质地可出现块状等。如一般的保山西山料和优质保山东山料。

级别：6～7。

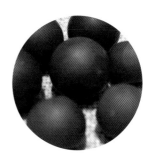

保山南红

3. 均匀

基本为"满色"，可出现几种颜色的混合，质地可出现如颜色相近的冻料等。

颜色要匀，最好是"一口气"的料子，无杂色，当然，这样的料子可遇难求，如果是"一口气"的辣椒红或者锦红，极难遇到。有两种颜色同时存在的料子也是很棒的。级别：3～5。

凉山南红

4. 不匀

不"满色"，颜色出现区域状。质地出现无色冻料等。

不满色或是出现冻料等可用于雕刻造型，如果是巧雕出俏色等同于均匀（如左图所示），也等同于满色。级别：2。

罗光明制作，凉山南红玛瑙大家闺秀挂件

5. 很不均匀

颜色或质地出现极不匀的现象。此种南红价值非常低。级别：1。

凉山南红

第五节　南红的净度

南红的净度就是南红的完美度，作为珠宝玉石完美度非常重要。尤其是保山料南红裂纹非常发育，相对完整的材料极其罕见。南红的净度是指南红的纯净度，包含南红的瑕疵和绺裂。

绺与裂是两种感念，绺是指石纹，裂是指裂纹。俗语"无裂不保山"，一是指保山南红会有绺，二是指保山南红会有裂纹。绺的存在对南红的影响并不大，但是裂纹对宝玉石的影响就非常严重了。

1. 极好

级别：10，没有任何瑕疵及绺裂。这是极品南红。

保山南红的绺一般较多（保山南红的绺裂与红度成正比，往往越红的绺裂越多，颜色越少往往绺裂越少）。四川南红往往绺裂少。

2.很好

无瑕疵有少许石纹（绺），虽然有少许石纹但一定要没有裂纹。

级别：8~9。

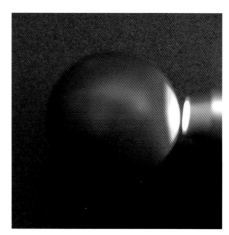

保山南红

3.好

级别：6~7。有少许瑕疵或有较多石纹（绺）。

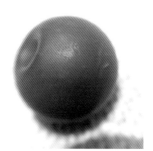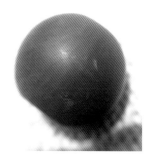

宝山南红

4．一般

有较多瑕疵或有较多石纹（绺）。

级别：2～5。

典型的保山东山料南红

5．差

有很多瑕疵或有很多石纹或有裂纹。

一般只要有裂纹就是最低级别。

级别：1。

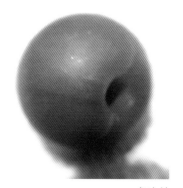

高波料

第六节　南红的体积

　　南红收藏中，作品的大小是其价值的重要参数。历史上的南红玉器基本以美珠为主，其原因也是受到了南红材料大小的限制。收藏级的南红需要具备一定的体积，在其他品质参数相同的情况下体积越大越好，越稀有。

　　南红的体积是指南红的个体的大小，越大的南红稀有程度越高，尤其是同质、同色的品种。

李栋制作九口南红

　　南红的大小对价值的影响，不同产地也不同。如九口可以出南红大料，而保山极难出南红大料。

保山料圆珠南红按毫米（直径）计算并且成几何级数增长。

保山南红

保山南红

可以理解一颗保山西山"满肉""满色"的 22 mm 圆珠南红卖到 100 万元。

保山料南红超过直径 20 mm"满肉""满色"的圆珠极其难得。

如果是无瑕自然是天价。（目前市场克价超过 10 万元）

体积因素要考虑到搭配，同质同色的手串的价值要高于每颗珠子价值的总和。

保山南红　　　　　　　　　　　　　　　　　　　　保山南红

　　南红保山料同质同色的 108 串链其价值更高，就是稀有程度不同。

　　南红的体积是指用料的多少及取料的难易程度。南红珠子用料要一倍以上。10g 的珠子要用料 20g 以上。并且越大越难取料。

南红方牌所用料更多，原料大约是成品的 4
倍左右

九口南红

南红圆型雕刻件，规则图形所用料要 2 到 3 倍

瓦西南红

联合南红，南红随型雕件所用料大约要 1.5 到 2 倍左右

瓦西南红，南红的体积的大小要在没有裂纹的情况下考虑

第7节 南红的雕工

任何一个玉石，在雕刻之前，往往只是顽石或者美石一块。俗语"玉不琢不成器"，只有经过匠心独具的设计和雕刻，才让他有了生命，成为耀眼的艺术品。好的设计和高超的雕刻工艺才可能创造出传世的精品。雕刻工艺作为评价南红器件的核心指标之一，可见其重要性。

用量化的指标评估南红作品的价值很困难，评估者要具备一定的艺术修养。评估南红作品的价值要根据被评价艺术品的自身特点，简言之，好的南红要材质温润、密实、红艳、浑厚、完美，雕刻工艺要求独到、艺术、精湛，要与玉石的本质完美结合。

九口南红

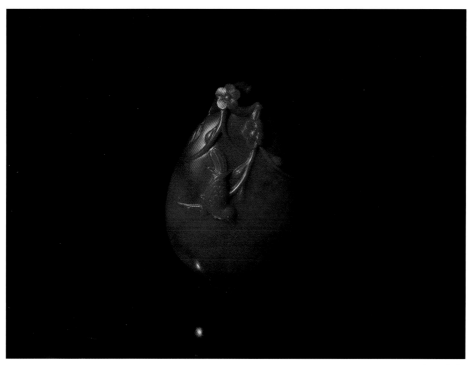

九口南红

南红工艺作品的鉴赏要点

　　南红玉雕的主要作品表现形式为人物、花鸟走兽、山子、玉牌，器皿等。南红玉雕人物通常采用圆雕技法，鉴赏时要注意人物身体的比例关系以及面相，行内称之为"开脸"，开脸处理到位能表现出生动的表情，眼神，是刻划人物个性、气质的关键。身段和衣褶线条的刻画，是表现人物体态的重要内容，要做到"动静相生，简凡得宜"的原则。

　　南红玉雕人物内容广泛，一般要求侍女飘逸唯美，含蓄典雅；童子喜庆欢乐，表情稚气；佛造像端庄稳重，肃穆庄严；神话人物、文人学士等题材要体现出人物的特质个性。

　　南红玉雕花鸟走兽以写实手法为主，也常作为人物、风景的陪衬出现，题材广泛。鉴赏时要注意花草应安排的错落有致，玲珑而生动，飘逸而清雅；飞禽走兽要灵动自然，对动感的体现是刻画的重点。神话动物要体现出霸气而不邪恶的气势。

南红玉雕山子所表现的题材内容丰富，在工艺技法上继承了玉雕中的浮雕、圆雕、镂空雕等传统雕刻技法。其鉴赏要点要看整体作品的构图结构，要求层次清楚，章法合理。在有限的创作范围内表达出足够的空间感，制作过程中要符合透视的一般规律，主题突出，玉料颜色运用巧妙。

南红玉牌，南红玉牌通常以浅浮雕为主。要求作品底板平整，行内也称之为"底子"，也就是玉牌的最底部的平面。规则玉牌的对称与否，叙事题材玉牌的空间感、透视感等也都是鉴赏的重点。

南红玉雕的"巧色""俏色"制作，"巧色""俏色"虽不是南红玉雕的题材内容。却是南红玉雕制作的一个重要表现手法，也是鉴赏南红玉雕作品的重点之一。

在古代，玉器制作的过程中，玉雕师们常用巧色的工艺尽可能地保留玉石上的颜色，而且尽量将它们巧妙地运用在雕刻的题材中。使其不但不会成为瑕疵，反而能使制成的玉器独具特点而更加生动起来。随着工艺技术的发展以及人们审美能力的提高，在巧色的基础上又进一步，形成了俏色的玉雕技法。俏色玉雕的最大特点在于不仅将原料丰富的颜色保留下来，更是利用区分不同的颜色将其所要表达的主题更鲜明地展示出来，使它成为整件玉雕作品中的亮点。

"巧色"是巧妙运用玉石材料自身的颜色，"俏色"是依照一块原料中颜色的不同来设计作品。在巧色的基础上将颜色的鲜艳之处俏丽出来，使原料的不同颜色被应用得恰到好处而且非常巧妙，使天然的色斑在雕件中起到了点石成金的作用。

南红雕工的最重要的原则是如何体现出南红的温润、坚密、红艳、沉蕴，充分体现出中华民族的历史文化底蕴。

介绍两个南红的雕刻实例。

南红雕工欣赏（不动明王）

"见我身者发菩提心，问我名者断恶修善，闻我法者得大智能，知我心者即身成佛"。发此誓愿者，不动明王。

瓦西南红

　　明王，是佛的忿化身，五大明王之首的不动明王，以骷髅为饰，嘴角露两颗虎牙，显大忿怒相。

瓦西南红

　　这样的不动明王，和我们平日里见惯的慈眉善目的观音、笑口常开的弥勒大相径庭，确是民间佛像的三大主尊之一，位列藏传佛教中的八大守护神。

　　将不动明王的形象雕刻于温润柔美的瓦西南红之上，那一身赤红倒也毫无违和感，三眼怒目，侧面而视，凌厉的气势呼之欲出。

　　君子无故玉不去身，一尊不动明王常伴身边，向外则以恶制恶，怖世间之魔，向内则断贪嗔痴，使内心得到净化。

　　极忿怒，极慈悲，极狞厉，极智慧，给你这样的不动明王。

　　雕件中佛像用料最为考究，必得选用纯色纯质的南红材料才能保证法相庄严，而南红作为一种纹理极为发育的玉石材料要做到同质同色，毫无纹理，殊为难得。

此件明王像用打灯全透的玉化玻璃光瓦西料精修，造型为标准尺寸，正型水滴，此种大料已是一石难求，更不要说不记损耗的修型足见用心。

南红雕工欣赏（财神）

五路财神是佛菩萨的慈悲应化，以度化众生。何为财神？是建立在菩提心的基础上，才能加以实现财富的积累。

须发菩提心：供三宝、施众生，方能感应密法中财神法之殊胜与悲愿。

红财神：高权位者，能招聚人、财食等诸受用自主富饶。

黄财神：能增长福德、寿命、智慧，可在物质及精神上之受用。

须发菩提心，吴照龙制作　　红财神　　　　　　　　黄财神

圆润线条的运用体现出南红的温润质感，体现出南红深厚的底蕴。

六个钱币的应用非常到位，可呈现福德财富、寿命财富、智慧财富、物资财富、精神财富。

线条柔中带刚诠释南红的坚密，烘托出国人之精神，体现出坚韧不屈的民族精神。

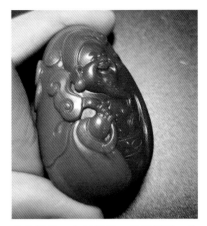

整体圆滑、身材圆滑、脸面圆滑、头额圆滑、手型圆润、胸腹圆润、耳垂圆润、圆润的如意等

腰缠万贯、飞来横财（偏财）、显赫正财、承世聚财

双色的运用巧妙、自然，具有浑然天成之感，展现出南红的红艳

黄红两色财神兼备，
慈颜常笑、飘洒如意更是一种吉祥如意的真是写照。
工、料、精、气、神、蕴均到达极点，不愧为大师之作。

第8节　南红的价值评估

南红的价值由质地、光泽、色彩、蕴藏构成，好的南红，要质地细腻柔和，光泽润艳，色彩凝聚，蕴藏深厚。

保山南红　　　　　　　　　　　　　保山南红

南红象征富贵、吉祥和幸福，显热烈奔放之感、沉稳坚定之气，有喜庆吉祥之兆、沉静幽雅之境。

南红有一种深厚的历史文化底蕴。

从古代传说到民间宗教，乃至信仰，南红积淀了厚重的历史与文化，自然形成了一种独有的文化现象既能使人获得感官上的愉悦，又能使人获得精神上的支撑，让人蓄气养精，心旷神怡。民间有"家有南红，世代不穷"之说，代表千家万户对美好愿望的寄托。

南红的价值取决于南红的温润、坚密、红艳、沉蕴以及体现。

温润坚密红艳是大自然赋予人类之瑰宝，如何体现是人类智慧（工），沉蕴是历史文化的积淀。

1.温润程度分级（温润程度可相差10倍）

极温润：8～10

很温润：5～7

温　润：3～4

较温润：1～2

不温润：1

很温润：级别为7。

2.紧密程度分级（紧密程度可相差10倍）

非常紧密：9～10

很　紧密：6～8

紧　　密：3～5

松　　散：1～2

非常松散：1

非常紧密，级别10

3.南红的颜色分级（南红颜色可相差10倍）

锦　红：10

辣椒红：9

柿子红：6～8

柿子红：3～5

柿子黄：2

柿子红，级别为8

4.均匀程度分级（匀度程度可相差 10 倍）

极均匀：8 ~ 10

很均匀：6 ~ 7

均　匀：3 ~ 5

不均匀：1 ~ 2

很不匀：1

很均匀，级别为 7

5.纯净程度分级（纯净度可相差 10 倍）

极好：10

很好：8 ~ 9

好　：6 ~ 7

一般：2 ~ 5

差　：1

很好 ~ 好，级别为 7

等级 评估指标	极好	很好	好	一般	差
温润	8 ~ 10	5 ~ 7	3 ~ 4	1 ~ 2	1
坚密	9 ~ 10	6 ~ 8	3 ~ 5	1 ~ 2	1
颜色	10	9	6 ~ 8	3 ~ 5	2
匀度	8 ~ 10	6 ~ 7	3 ~ 5	1 ~ 2	1
净度	10	8 ~ 0	6 ~ 7	2 ~ 5	1

例1

保山完美南红珠 10 g

评估价值（2016 年价值）：

=7×10×8×7×7×20×1 ×1

=54.8 万元（市场价）

（批发价约 18 万，克价：18000 元 / g）

（温润为 7、坚密为 10、颜色为 8、匀度为 7、净度为 7、体积为 10g 所用料约为 20g，雕工 1 为，我们将基数 2016 年定义为 1，即质量相对最差的定义为 1 元 /g，随着年代的增长其基数也在增长，其长幅度与政治、经济等有关）。

例2

优质雷波料南红珠 10 g

评估价值：

= 2 × 3 × 4 × 5 × 1 ×20×1 ×1

=2400 元（市场价）

（批发价约 240 元，克价：24 元 /g）

例3

极品保山西山南红珠 10 g

（理想状态当前市场价）

评估价值：

=10×10×10×10×10×20×1 ×1

=200 万元（市场价）（2016 年价值）

（批发价超过百万元，克价：超过 10 万元 /g）

例 4

联合料满色优质南红珠 10 g。

评估价值：

$=2×3×3×3×6×20×1×1$

$=6480$ 元（市场价）

（批发价约 1300 元~1500 元，克价：130

~150 元/g）（2106 年价值）

质量越完美市场价与批发价相差越少。质量
越差市场价与批发价相差越大。

保山南红手串基数为直径 10 mm，同等质
量直径每增加 2 mm 其价值倍增。并且要考虑搭
配系数的影响。

108 珠串基数为 7 mm，每增加两毫米其价
值也倍增。

质量越好其价值递增越大。并且要考虑搭配
系数的影响。

同质同色，18 mm 以上的完美珠非常罕见，
其价值翻倍。

例 5

四川南红雕牌 31.6 g。

润、密、色、匀、净、体、工

$5×6×4×5×7×2×（31.6/30）$

$×1.8×1=16$ 万元（2106 年价值）

【四川料吊牌 30 g 为一基数单位，体积为
$2×（31.6/30）$，工为 1.8】

市场价约为 16 万元，这种质量及雕工的批
发价大约 3 万~4 万元。

依稀往梦似曾见、潇洒相伴到天边

保山产出南红各级别比例

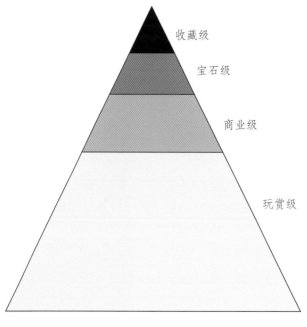

① 收藏级约占万分之一。无裂、无纹、"满肉""满色"。

② 宝石级约占千分之一。无裂、"满肉"或"满色"。

③商业级约占百分之一。有纹、有裂但不注胶。色不均匀。无色、色淡等。

④ 玩赏级的约占98% 染色、注胶、充填、色花、裂多等。

第一节　老南红的鉴赏

甘南红

　　南红玛瑙有着悠久的开采和雕刻历史，传世留下来的老南红非常稀少。老南红历经了岁月的打磨和时光的洗礼，完整者更加稀少。

老南红可从以下几个方面鉴定。

1. 风化纹

风化纹是老南红的鉴别条件之一，有凸凹不平的纹理。

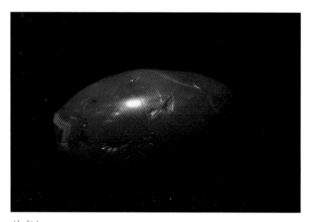

甘南红

风化纹是由于常年佩戴所造成的磕碰而形成的凸凹不平的纹理。

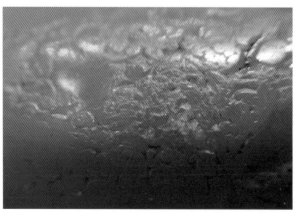

甘南红

风化纹有层次感，纹理大小不同，纹中富含包浆。由于风化纹形成的时间不同，会出现层层叠加现象。由于形成的条件不同，会出现大小不一的情况。

2. 包浆

包浆是鉴别老南红的特征之一。

老南红经过长时间的日积月累会在其表面形成一层包浆，并且具有很强的油润感和胶质感，在这种包浆的作用下它的色泽更加有一种稳重感。

甘南红具有很强的油润感和胶质感

包浆是由外及里并且有一定的厚度。由于包浆较厚，南红的表面不会出现柿子一般的白色的浮光

甘南红

甘南红

3. 孔洞

孔洞是老南红的参考特征之一。

孔洞常年使用，产生磨痕及破裂痕，孔边形态自然圆滑，但是形态说明不了问题。

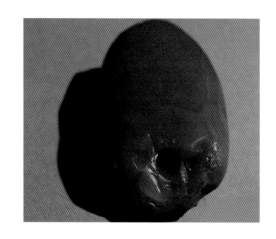

4. 产地确认

甘南红均为老南红和部分保山南红。

可以使用红外光谱进行鉴定。

保山南红

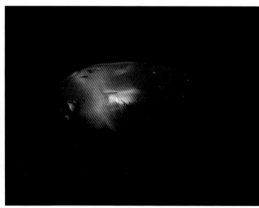
甘南红

甘南红

第二节　南红的补充内容

南红之美，惊艳绝伦，南红的保养，尤为重要。

 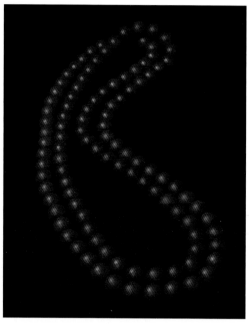

　　如果您有幸结缘到一件完美南红挂件或是一串南红珠，想必对其珍爱有加。南红不仅需要您有爱护之心，还需要讲究一些盘玩和保养技巧。为了让您的南红永葆靓丽，非常有必要读一读以下注意事项。

例：

南红的保养要注意如下几个方面

1. 南红制品要避免与硬物的碰撞

由于南红玛瑙的硬度较大，所以受到撞击也容易破碎，特别是镂空的雕刻作品更容易损坏，平常摆放、携带要稳固结实，或是收藏在质地柔软的盒内。

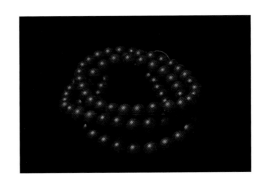

2. 南红制品的清洗

长时间佩戴或摆放的南红表面产生油污或灰尘。灰尘要用柔软的毛刷清洁；油污应以温淡的肥皂水刷洗，再用清水冲净后使用软布擦干。

3. 南红制品应避免阳光直射或过冷过热，以避免热胀冷缩而损坏

所有的玉石都要避免过热过冷，玉石的微晶结构经常遇冷遇热就会产生裂隙或是增大裂隙。

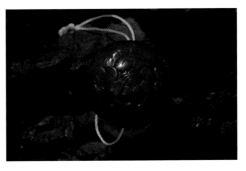

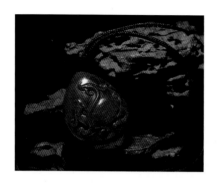

4.南红玛瑙制品应尽量避免与化学试剂等物品接触，避免腐蚀而影响其鲜艳度和光亮度

南红的质地都有微小孔隙，当与化学试剂等接触时很容易进入孔隙，从而影响南红的鲜艳度和光亮度。

5.南红玛瑙制品的擦拭

要用柔软的棉布或毛巾，避免划伤，有助于保养和维持原有的品质。

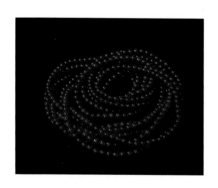

6.南红玛瑙需要经常补水

特别是在比较干燥的冬季更应保持空气的湿润，以保持其中水分的平衡。如果感到南红玛瑙失水现象已经比较严重，可以将玛瑙放在纯净水中进行浸泡补水。

7.南红不要与金、银制品互相摩擦

南红与金、银制品互相摩擦，金银制品就会被南红磨掉而沾到南红上。

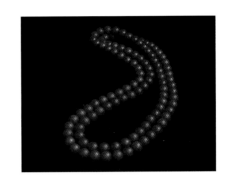

8.南红最好的保养就是长期佩戴

长时间佩戴包浆就会进入南红的孔隙和颗粒之间，使南红表面变得微透明，南红的红色更加呈现出来。包浆的存在会使南红更加红润，包浆越多南红越红，包浆越多南红越润，包浆越多南红的韧性越好越耐久。

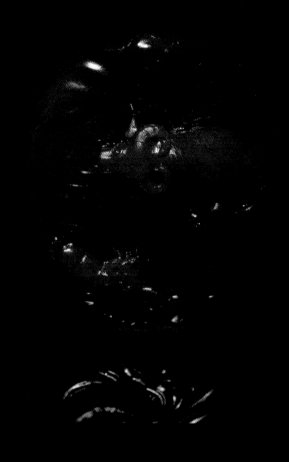

《扭转乾坤》张建宽制作

洪荒之力荡起水中的运势乾坤。双牛形成八卦之势，刚劲有力的红牛彰显运势强盛，灵动柔美的小牛增添一份天真，揭示传承、延续、鸿运之势永不可当

对本书出版提供帮助的集体和个人表示衷心感谢

提供帮助的有：万敏桦、徐语臻、张彤、王丽琼、陈沁、杨昀华、胡银玲、郭全斌、张玉娟、刘志猛、刘洋、周澹莺、徐杨、张杨、张斌、蒋垂生、刘艳霜、吴昌奕、张晓明、陈旭丽、侯晓峰、吴照龙、张宁、戴国庆、沈杭俊、叶海林、丁醒、吕夷萌、孙万吉、王铁江、倪伟、朱妮妮、王菊莺、虞洁、梅耀文、洪赛妮、胡银玲、施启超、李栋等个人，以及苏州南红网、玉器百科、优石客玉器、芝润斋、骊珠文玩、古玩那点事、玉满斋、博观拍卖、玉见珠宝、南红圈等单位。

参考文献：

[1]　张蓓莉.系统宝石学.北京：地质出版社，2006.

[2]　http://blog.artron.net/space-1069146-do-blog-id-1234429.html

[3]　http://blog.sina.com.cn/s/blog_6a4773870102e1id.html

[4]　http://wx.santangzb.com/nanhong/index.html

[5]　http://www.iqiyi.com/w_19rt4y994h.html

[6]　https://baijiahao.baidu.com/s?id=1567379605487822&wfr=spider&for=pc

[7]　https://tieba.baidu.com/p/4023848849

东方珠宝玉石大讲堂

图书在版编目（ＣＩＰ）数据

南红鉴定与评估 / 白子贵，赵博编著 . -- 上海：
东华大学出版社，2018.1
ISBN 978-7-5669-1275-6

Ⅰ.①南… Ⅱ.①白… ②赵… Ⅲ.①玛瑙 – 鉴定 –
中国②玛瑙 – 评估 – 中国 Ⅳ.① TS933.21

中国版本图书馆 CIP 数据核字（2018）第 215490 号

- -

珠宝玉石商贸教程系列丛书

南红鉴定与评估

编　　著：白子贵、赵博
摄　　影：张谦、陈沁
责任编辑：竺海娟
书籍设计：赵晨雪

出　　版：东华大学出版社
（上海延安西路 1882 号　邮编：200051　电话：021-62193056）
本社网址：http://www.dhupress.net
天猫旗舰店：http://dhdx.tmall.com
印　　刷：杭州富春电子印务有限公司
开　　本：710mm × 1000mm　1/16
印　　章：13
字　　数：364 千字
版　　次：2018 年 1 月第 1 版
印　　次：2018 年 1 月第 1 次印刷
书　　号：ISBN 978-7-5669-1275-6
定　　价：168.00 元